U0251939

本书编委会

川流不息

论河·知河·护河

成都城市河流研究会 编著

四川大学出版社
SICHUAN UNIVERSITY PRESS

图书在版编目（CIP）数据

川流不息 ： 论河·知河·护河 / 成都城市河流研究会编著. — 成都 ： 四川大学出版社， 2023.4
ISBN 978-7-5690-5933-5

Ⅰ. ①川… Ⅱ. ①成… Ⅲ. ①河道整治－研究－四川
Ⅳ. ① TV882.871

中国国家版本馆 CIP 数据核字（2023）第 015613 号

书　　名：川流不息：论河·知河·护河
　　　　　Chuanliu-Buxi：Lunhe·Zhihe·Huhe
编　　著：成都城市河流研究会

选题策划：宋彦博
责任编辑：李畅炜
责任校对：曾小芳
装帧设计：泽川流机构
责任印制：王　炜

出版发行：四川大学出版社有限责任公司
　　　　　地址：成都市一环路南一段 24 号（610065）
　　　　　电话：（028）85408311（发行部）、85400276（总编室）
　　　　　电子邮箱：scupress@vip.163.com
　　　　　网址：https://press.scu.edu.cn
印前制作：泽川流机构
印刷装订：成都金阳印务有限责任公司

成品尺寸：170mm×240mm
印　　张：13.75
字　　数：268 千字

版　　次：2023 年 6 月 第 1 版
印　　次：2023 年 6 月 第 1 次印刷
定　　价：128.00 元

扫码获取数字资源

四川大学出版社
微信公众号

目 录

附录

出土于成都天府广场的秦汉时期镇水石犀

科学认知，理性决策，善待河流

文/唐亚

河流与文明的关系众所周知，河流是文明之母。黄河、长江被视为中华民族母亲河，充分说明了人类对河流与人类生存发展关系的认识。河流及其流域提供了人类生存、演化和发展的资源和环境，河流的变化一方面受人类活动的影响，如为满足日益增长的人口的生存需求而毁林开荒、生产粮食，导致流域地表植被类型和质量的变化，继而引起区域能量失衡，气候、河川径流发生变化，常常以河川径流下降和丰枯差异增大为特征。另一方面，变化了的流域地表植被和河川径流给人类的生存和发展带来巨大的负面影响。如何处理这种关系，早已受到学者和决策者的关注，但至今仍然是各地面临的一个没有完全解决的问题。

近百年来是全球人口快速增长时期，而近半个世纪是增长最快的时期，现在全球人口超过70亿。目前人类对水资源的影响和利用的范围及强度都已经达到很高水平，但不同国家及同一国家不同区域对水资源管理的水平相差悬殊。对水资源的管理水平一方面取决于经济发展水平，另一方面也取决于决策者对河流基本规律的认识和理解，而不同的管理政策及其实施则决定了河流的生命。在历史上和当今世界，由于管理、利用不当造成河流干涸、人口迁移、社会不稳定甚至城镇和族群消失的例子常常令人警醒，提醒人类要正确认识河流，遵循河流自身规律，合理利用和管理河流，有效保护河流全流域的集雨范围。

绝大多数河流源于山区，自然环境条件随海拔高度变化，在重力作用下，形成河流的不同区段。河流这种从高处流向低处的属性造成了人类发展中对很多资源利用方式的差异。人类的发展离不开水，人类为了过上更好的生活，对河流进行了各种各样的干预，最常见的如拦河筑坝、城市河段的渠化和河道硬化等。其在满足人类需求的同时，也引起了资源、环境和人类健康问题，并逐渐为人所认知和重视。

四川是“千河之省”，是长江上游面积最大、河流水系最广、人口最多的区域，对长江水资源、河流健康和生态安全具有举足轻重的作用。四川也地处黄河流域上游地区，尽管四川省内的黄河流域的面积仅占全流域的2.4%，却为黄河干流枯水期贡献了40%的水量，为丰水期贡献了26%的水量。[1]无疑，四川河流的保护，对黄河流域具有重要意义。因此，四川在中华民族两条母亲河的保护中承担了重要责任。

在水资源的管理上，决策者一般都知道“以水定人”这样一个基本道理，水资源的管理策略和水平可以在很大程度上决定水或者说相同数量的水资源所产生的生态和经济价值。在过去相当长时期内，我国对水资源的利用基本上是以保障经济利益和民生为主要考量的。但是随着社会经济的发展和城市化、工业化的超常规发展，大家发现水已经变成一种极其珍贵的资源。工业活动、社会经济活动以及日常生活一方面需要水，另一方面也会对水资源和水环境造成很大的污染及其他干扰。认识并降低人类对水资源、水环境的干扰，维护河流的“基本权利”，是有效保护和合理利用水资源的基础。

成都城市河流研究会（以下简称“河研会”）是在应对日益增加的城市水污染和水环境保护需求背景下成立的，其宗旨是“保护河流，保护环境，促进城乡可持续发展”，主要工作领域包括水环境专项课题研究、水环境保护与污染防治、可持续发展示范村实践、公众环境教育与交流、环境政策建议等。其自成立以来，一直坚持以保护水资源、水环境的“草根”行动为主。在近20年的工作实践中，有许多与水相关的专业人士贡献其专业知识，推进水环境保护，以“还清流于大海”为己任，让我们有机会从不同角度认识水。

在成立以来的近20年时间里，河研会在成都市开展了一些标志性的工作。

第一，在郫县（今成都市郫都区）安德镇安龙村开展示范活动，支持当地乡村居民采用生态农业方法种植农产品，探索和实践不用化肥和农药生产农产品，实现了农业生产活动、农户生活“主动不污染水环境”的目标。这项工作

1 任保平、邹起浩：《黄河流域环境承载力的评价及进一步提升的政策取向》，《西北大学学报（自然科学版）》，2021年第5期，第824-838页。

受到国内外很多人的关注。

第二，保护成都市饮用水水源地。河研会为成都市居民饮用水安全保障和水环境保护做出了巨大贡献。书中提到的“柏条河保卫战”，简略但较系统地向读者呈现了河研会依靠专家和公众的力量，在与利益相关方的博弈中获得对柏条河保护的支持，最终为成都保留了一条没有水电站的河流。这条河流是都江堰灌溉系统的重要组成部分，向人们展示了都江堰工程建成后，岷江上游的水如何流到成都。其不仅具有重要的科学价值，而且具有非常重要的历史、文化和民族价值。这是一个具有标杆性意义的成就，相信时间会充分证实河研会所做的这一工作的价值和意义。这一案例清晰地展现了为保留这条河流，来自不同领域的护河人在十分困难的情况下，不畏困苦和风险，坚持真理的事实。保卫柏条河的故事能够给我们什么启示呢？有人形象地将山、河、水比作人的骨架、血管和血液。众所周知，血液流通不畅会影响人的健康，血管堵塞会危及人的生命。在河流中修水坝就如同在人的身体中人为堵塞血管，其后果不言自明。中国悠久而充满智慧的历史早已生动记录了两种截然不同的治水哲学，即“堵”和“疏”的结果，但令人难以理解的是，今天的我们仍更注重以堵为主的河流管理开发方式。这值得我们思考。

第三，叫停成都市中心河流西郊河“加盖”工程。西郊河是成都市河网极其重要的一部分，出于经济发展的考虑，相关部门要将这条河“盖”起来以提供足够的空间解决相关的交通问题。在已经开始施工的情况下，河研会通过不懈努力，持续与相关部门沟通，最终使西郊河已施工部分得到恢复，没有成为一条被封闭的河流。从保护西郊河使其自由流淌的工作中，我们获得了一个重要启示：如果采用无限扩大道路的策略，而不是从根本上从内因上提升管理水平，永远解决不了城市的交通堵塞问题！

城市是人类在发展过程中自发创造的一种有效利用自然资源的居住格局和方式。城市因其发展具有巨大吸引力，城市化是人类社会必然的发展趋势。而要管理好城市这个复杂的生态系统，需要遵循自然规律，汲取世界各地管理城市生态系统的经验，结合本土实际，避免实施已经被实践证明不可行的策略和措施。发达国家在城市河流的管理中非常强调科学认识河流，强调自然资源的管理需要有一定的生态学常识，用生态学的基本原理来指导自然资源的科学管理。例如，在美国大气质量改善中发挥巨大作用的《清洁空气法》就是基于许多生态学研究制定的。在自然生态系统中，生产者、消费者和分解者与自然环境一起组成一个功能主体，该主体中的任何一个变化，都会引起系统的其他变化，不论人类做出何种努力，这种变化都在发生，当这种变化的量累积到一定程度，生态系统将发生剧变，其结果常常是灾难性的。人类是生态系统中的一员，但自从人类逐渐在生态系统中取得越来越起支配作用的地位后，自然资源的开发与管理发生了很大变化。而对不同自然资源开发和管理的后果基本上取决于决策者和执行者的生态学态度和观点。我们目前所看到的世界各地的很多灾难特别是生态灾难，仍有许多是决策者和执行者忽视了自然科学特别是生态学的基本规律所导致的。人类应该学会从失败和灾难中学习如何更好地管理自然资源。

自然规律中最关键的是系统性。在自然资源的开发和管理中，系统性思维极其重要，但普遍的现象和实践则常常以点代面，决策者往往囿于自己不一定正确的知识和认知，或基于其他非科学和非系统性的思维进行决策，甚或干脆拒绝科学的系统性思维。有趣的是，从本书中诸位读者可以较多看到古人的智慧，却较少看到现代人们的智慧。今天，我们更沉溺于工程细节，机械地、教科书式地完全按规章操作，因为这样有全部的安全。如我们通行的污水处理体系自从西方引入以来，有多少人思考过我们自己的进步有多大，创新有多少？这些也是非常值得思考的。古人常从大格局看问题，可能因此而抓住了关键，可悲的是今天的我们不太重视或有时几乎完全没有整体观，鼓励和倡导的是一知半解和浅尝辄止的工作方法和思考哲学，这对我们解决问题的思路和最终的解决方案会产生很大的影响。重视细节是重要的，但过于重视细节则让我们难窥全貌。

管理是能够影响系统发挥效益的一种手段。好的管理能够使系统的综合效益发挥到合理的程度，而不当的管理会造成资源的浪费和资源开发过程中灾难的产生。在自然资源的开发和管理决策中，常识常常被忽略。大道至简，在自然资源的管理、开发和利用中，若能够适当地利用常识来对决策做一种简单的验证——如果这种决策通不过常识的验证，就有必要重新检视决策过程——这样会有机会在未来的社会发展中，减少灾害乃至灾难发生的风险，造福于因这种决策而受影响的人群和环境。衷心希望，在与自然资源管理有关的决策过程中，科学的成分、理性的成分多一些，更多一些，为子孙后代的发展多留一点空间。

通过本书，我们希望读者能够从成都平原和四川盆地过去上千年以来在识水、用水和治水上应用不同哲学和思维所产生的结果，思考我们应该采用什么可行、合理、更多基于科学的系统思维和解决方案，为人类社会特别是四川盆地几千万人的福祉做出我们自己的贡献。

从任何一个方面来说，河研会都是一个微型组织。但位卑未敢忘忧国，河研会希望能够为城市化高速推进的我国在应对水资源、水环境、生物多样性保护方面尽一份微薄之力。正是由于河研会的使命不是为私，其从成立之初，在会长艾南山教授和秘书长田军老师主持下，得到了一大批志同道合的老专家的鼎力支持，为成都城市河流研究、保护写下了值得记载的笔墨和有历史意义的篇章。相信读者从这本篇幅不大但内容丰富的书中，会感受到这些老先生的一腔赤子之心和爱国热情。他们的这种赤子之心和爱国、爱乡之情是可以感触到的，也会在长时间里被看到。一些工作如“柏条河保卫战”的意义，对于成都来说是长久的。如果没有这一场保卫战，今天成都会面临的饮用水问题可能是一种什么情况，是值得深思的。

本书附录提供了一些资料，有重要的研究价值和史料价值。其中范晓老师收集整理的《四川长江—金沙江干流及主要支流水电开发概览》，相信是很多研究者一直渴求的，这一份完整的材料，相信会为认识四川河流开发带来许多新的思考。

相信读者会享受阅读本书。

論河

四川江河水系格局、生态价值与灾害分布

天地有大美而不言，四时有明法而不议，万物有成理而不说。

——《庄子·知北游》

50年前，一份集合了科学家、经济学家、人类学家、教育学家的智慧完成的研究报告——《增长的极限》，惊世骇俗地提出“地球是有限的”的观点，警示工业革命粗放式的经济增长模式将给地球和人类带来毁灭性的灾难，人类社会将进入前所未有的困境。生态启蒙，由此成为重新认识地球环境、重新认识人与环境关系的新的思路和方法。

生态启蒙的核心观点是：我们所处的世界是风险世界，风险、危机、灾难无处不在；我们应尊重不同地区（地域）的生态多样性、生态文化和生态传统，提倡在多样性中生活；应对被奉为圭臬的“科学与技术”神话进行批判性反思，把握其适用范围和边界。

1992年联合国环境与发展大会大力倡导的“人与自然可持续发展”思路，逐渐发展为各国的行动纲领和计划。由世界而中国，由中国而四川。“千河之省”的环境现状可以支持我们可持续发展吗？我们是否也同样面临“增长的极限”？我们的生物多样性遇到了怎样的挑战？一山一水，一草一木，是否和我们息息相关？

水是生命水，河是母亲河。了解常识，了解环境，每一个人都需要进行生态启蒙。

成都平原的都江堰水系 摄影/魏伟

千河之省：四川江河的水系格局、地质构造背景与生态价值

文/范晓

四川的河流跨越了中国的两大地形阶梯——从平均海拔4000米左右的川西高原下降到平均海拔仅数百米的四川盆地——从高原切入高原边缘大起大落的高山峡谷，再进入山前的扇状冲积平原，以及盆地中起伏和缓的丘陵等极其多样化的地形地貌区，从而形成了极其丰富多样的河流形态与河流地貌类型，包括西部高原上的曲流、辫状河，高山峡谷中沿断裂发育的顺直河，山前冲积平原的扇状水系，丘陵地区的深切曲流，等等。四川江河俨然是一座天然的河流博物馆。

河流自然环境的多样性，造就了族群与文化多样性的立体景观。四川这种依河流地域而生的文化多样性，在中国乃至世界都具有独一无二的特色与价值。

四川江河的水系格局

我国地势的特点是西高东低，从西部第一级阶梯的青藏高原，经第二级阶梯的云贵高原、黄土高原、内蒙古高原等地，到第三级阶梯的东部平原、丘陵和大陆架地区，呈三级阶梯状逐级下降。四川盆地处于第二级阶梯，但它是第二级阶梯上一个凹陷的低地，因而成为源于周边山地高原的诸多河流的汇流之地。流注四川的江河主要源自以下三地：西边的青藏高原、北边的秦巴山地、南边的云贵高原。

四川的河系密如蛛网，江流滔滔不绝，其中流域面积在100平方千米以上的河流就有1049条[1]，“千江万河汇四川”的说法也许并不为过。四川之名源自宋之川峡四路,于今为之作新解,以“四”言其河流多而广，并不指具体的数量，那么对于这个千河之省来说，“四川”名副其实。

从历史地理范畴而言，早期的四川主要指四川盆地。史前时期，在四川盆地的西部和东部，蜀族先民和巴族先民正是依赖流经盆地的江河，奠定了四川古代文明以及巴蜀文化的基础。后来，秦设蜀郡和巴郡，汉置益州，唐设剑南道（后分为剑南西川、剑南东川，各置节度使），宋有川峡四路，元置四川行省，明代大体沿袭之，改行省为承宣布政使司，四川的范围都以四川盆地为主体。清代，金沙江以东的川西高原被划入四川省，这奠定了今日四川地跨西部高原和东部盆地的格局。

从水系来说，四川的河流分属长江与黄河两大水系，其中绝大部分河流都属长江水系，属长江流域的面积占了四川省面积的96.7%，其余3.3%的面积属黄河流域[2]，相关河流仅分布在四川西北部阿坝州境内的一小块区域。四川的长江水系，都处在长江上游，这些水系汇流于四川盆地，然后从四川盆地东边冲出三峡，进入中国地势最低的第三级阶梯的长江中下游平原。

长江—金沙江

长江干流自四川宜宾以上，称金沙江。按汇入长江—金沙江的主要一级支流计，四川的长江水系可分为嘉陵江水系、沱江水系、岷江水系、雅砻江水系。

此外，还有一些规模较小但直接汇入长江—金沙江的河流，可以按其分布区域来统

1 李后强、姚乐野：《四川江河纪》，四川民族出版社，2020年。
2 李后强、姚乐野：《四川江河纪》，四川民族出版社，2020年。

称。例如：

长江上游川南水系：长江南岸宜宾—泸州境内的横江、南广河、长宁河、永宁河、赤水河，可统称长江上游川南水系。

金沙江中游凉山水系：金沙江宜宾至攀枝花段为四川与云南的界河，此段四川境内有中都河、西宁河、西苏角河、美姑河、金阳河、西溪河、黑水河、大桥河、鲹鱼河、城河等自北向南注入金沙江，由于这些河流皆源于凉山，故统称为金沙江中游凉山水系。

金沙江上游沙鲁里山水系：在四川的凉山州木里县及甘孜州境内，直接注入金沙江的河流有水洛河、定曲、巴曲、偶曲、赠曲、白曲、色曲等，由于这些河流皆源于沙鲁里山，故可统称为金沙江上游沙鲁里山水系。

金沙江干流，在四川、云南、西藏三省区之间，常常被当作界河，因此是三省区之间重要的渡口及交通节点所在。

嘉陵江

在整个长江的一级支流中，嘉陵江是流域面积最大的支系。其流域面积约16万平方千米，约占长江流域180多万平方千米总面积的8.9%。1997年，重庆被从四川省中划出，成为直辖市。因行政区划的缘故，涪江、渠江与嘉陵江汇合处的合川被划归重庆，使本来同属于嘉陵江水系的渠江、涪江在四川境内成为各自独立的河流。

嘉陵江的源流众多，既出自青藏高原东端的岷山，也出自秦巴山地的秦岭和米仓山。嘉陵江水系的上游在四川境内深入到了青藏高原东缘的藏族和羌族聚居区。与黄龙毗邻的九寨沟，也是嘉陵江的源头之一，它属于嘉陵江支流白河的上游。

嘉陵江出秦岭，穿过龙门山北段、米仓山西段，在广元昭化附近入四川盆地，因此旧时这一区域的河谷成为由陕西入四川的主要通道之一。尤其是进入四川北大门广元的这一段，是蜀道的主道金牛道最重要的路段。广元以北嘉陵江的明月峡、清风峡、三滩峡，既是历史上兵家必争的要冲之地（尚存古栈道遗迹），也是现代公路、铁路交通的咽喉所在。嘉陵江流经的川中丘陵，是四川盆地最富庶的区域之一，形成以广元、南充两城为中心的包括苍溪、阆中、南部、仪陇、蓬安、武胜等城镇在内的城市群落，南充一带素来以“绸都果乡”著称。

渠江是嘉陵江左岸的大支流，源出米仓山、大巴山，其上游为州河、巴河两大支流，它们在渠县的三汇镇汇合后始称渠江。渠江流域以及嘉陵江中下游，古代是巴人族

---

[1] 李后强、姚乐野：《四川江河纪》，四川民族出版社，2020年。

群的活动区域。他们历代又被称为賨、濮、板楯蛮（秦、汉），僚（南北朝），南平僚（唐），渝州蛮（宋）等。在与华夏族融合的过程中，他们在相当长的时间内仍保留了自己的独特文化和部族组织，并最终使这一地区的汉族文化烙下了鲜明的巴文化印记，尤其是以达州为中心的州河流域和以巴中为中心的巴河流域。这两条河的流域，又是四川盆地与陕西汉中之间的蜀道之米仓道、荔枝道的穿越区域。沿渠江干流及其上游州河、巴河水系分布的城市，除了前面提及的渠县、达州、巴中三城，还有广安，达州的宣汉、万源，巴中的平昌、南江、通江。

涪江是嘉陵江右岸的大支流，它源于青藏高原最东之雪山——岷山主峰雪宝顶。著名的世界自然遗产地黄龙，也是涪江的源头之一。由涪江源区至四川盆地这一段地形陡降的高山峡谷区域，也是族群与文化的多样性最为突出的地区之一。这里不仅有被称为氐人后裔的白马藏族，还有虎牙藏族、色尔（泗耳）藏族等汉藏之间的“边缘”族群。涪江在江油武都镇附近出龙门山，入四川盆地，是为涪江中下游，这一区域在古代主要是蜀文化与巴文化的交汇之地。在现代，沿涪江干流，形成以绵阳、遂宁为中心，包括绵阳的江油、三台，遂宁的射洪等在内的城市群。

沱江

沱江出自龙门山，其上源绵远河、石亭江、湔江诸水出山后，从成都平原北部流过，然后汇成沱江，在金堂穿龙泉山而入川中丘陵，最后在泸州汇入长江。金堂以上的绵远河、石亭江、湔江等在龙门山前形成的冲积平原，不仅是成都平原的重要组成部分，也是古蜀文明发祥的关键区域。古蜀文明的重要遗址——什邡桂圆桥、广汉三星堆，即位于沱江上游的石亭江与鸭子河畔。其中，桂圆桥遗址是目前成都平原发现的最早的古蜀文化遗址，大约在公元前3000年—公元前2500年。它是古蜀先民初入成都平原时，在盆地边缘的山前地带最早建立的根据地。现在，成都平原北部以德阳为中心的城市群，也是天府之国的核心区域之一。

沱江有一个特殊之处：古蜀时期，为治理洪水，人们曾通过宝瓶口以及内江河道将岷江之水“东别为沱”。岷江之水，主要通过蒲阳河（都江堰四大干渠之一）、毗河（柏条河分支），以及后来建成的人民渠，输入沱江。沱江的年径流量约351亿立方米，其中约有33.4%即约117亿立方米的年径流量来自岷江。因此，水利部门在划分水系时，也常常把沱江与岷江统称为岷沱水系。

沱江源头绵远河 摄影/华桦

从沱江串起的城市群也足以了解这条河的重要性：从上游绵远河畔的德阳算起，往下依次有金堂、简阳、资阳、资中、内江、自贡、富顺、泸州。历史上这一流域是重要的糖业和盐业基地，现在又是重要的工业走廊，在四川的经济发展中占有重要地位。

岷江

岷江被誉为天府之国的母亲河，它源出松潘高原，穿越横断山系东部的岷山—龙门山高山峡谷，再流经龙门山山前的成都冲积平原、川西南的丘陵地区，最后汇入长江。都江堰以上的岷江上游，是中国唯一的羌族聚居区，在岷江上游及其支流的峡谷台地上，一座座羌寨鳞次栉比，呈现出这一古老族群千百年来与山水相依，繁衍生息的生动场景。此外，有考古材料表明，正是岷江上游的古羌族群在公元前3000年左右东出龙门山，进入成都平原，才开启了古蜀文明的历史篇章 。

古蜀先民由岷江上游进入成都平原后，面临的是湖沼丛林密布的洪荒之地，因此他们先在龙门山山前或平原边缘地势较高的地方定居，由此形成如今人们看到的都江堰芒城、新津宝墩等遗址。此后通过治理洪水、开拓农耕，人类聚落才逐步向整个成都平原扩展。而最初在岷江内江开凿宝瓶口，并将岷江与沱江沟通（即所谓“东别为沱”），主要是为了排洪，并非着重于灌溉。直到秦灭蜀以后，李冰才在此基础上完善了作为一个灌溉系统的都江堰，这也奠定了成都平原成为四川核心区域的基础。也因此，成都才能发展成历史上重要的政治与经济中心，并在现代成为中国西部的中心城市之一。

岷江自都江堰出山后，由上游的汇聚式树枝状水系转变为发散状的网状水系，散布于成都平原。然后，在彭山江口，出龙门山山前的扇状冲积平原区，进入眉山、乐山境内的浅丘平原，此时水系由扇状冲积平原的发散状、网状形式，又重归于众多支流汇入主干河道的树枝状形式。由彭山江口至岷江入长江的宜宾的沿河地带，也是四川盆地最富庶的区域之一。而且，乐山、峨眉一带山川壮丽，既有“天下秀”的峨眉山，也有耸立于岷江、青衣江、大渡河三江汇流处的凌云山大佛，所以古称“天下山水之观在蜀，蜀之胜曰嘉州”（南宋邵博《清音亭记》），嘉州即乐山的旧称。地灵人杰，相辅相成，岷江中下游文豪辈出，苏东坡、郭沫若是最杰出的代表。

青衣江

青衣江源于邛崃山脉之夹金山，在穿越邛崃山脉东南坡的高山峡谷以及龙门山脉的南段后，在雅安附近进入四川盆地西南缘的低山—丘陵区，最后在乐山主城区的西侧与大渡河相汇。青衣江上游有宝兴河、玉溪河（芦山河）、天全河、荥经河、周公河等几大支系，其中宝兴河为青衣江正源。

据民族史学家、历史地理学家任乃强先生考证，青衣江系因史前时期此地为青衣羌居住地而得名。青衣羌自青海西倾山一带迁入小金河谷，再逾夹金山进入穆坪河谷（即今青衣江上游之宝兴河谷），其时间大约与古蜀先民进入成都平原的时间相近。据传，他们好以牦牛毛编织的褐色布为衣，故被呼为“青衣羌”。

青衣江在夹江县城西北侧流经被称为“古泾口”的峡口，出低山—深丘区，入夹江—乐山—峨眉浅丘平原。自明代开始，人们利用古泾口的水势地利筑堰引水，灌溉泾口外的大片农田。此后因青衣江河床侵蚀下切，水位降低，取水的堰首不断上移并更名，自明清至现代，先后有八小堰、市街堰、毗卢堰、龙头堰、胡公堰、东风堰等名称。2014年，东风堰被列入世界灌溉工程遗产名录。

大渡河

大渡河源于青藏高原东部四川、青海交界处的巴颜喀拉山，其上游的杜柯河、麻尔曲、梭磨河汇聚成大金川，大金川与小金川在丹巴汇合后始称大渡河。大渡河流经大雪山脉与邛崃山脉之间的高山峡谷，在乐山沙湾区龚嘴附近进入四川盆地，尔后在乐山与岷江相汇。一般认为是岷江接纳大渡河，大渡河属岷江水系。但实际上，大渡河的年径流量大约占到整个岷江年径流量的80%，遑论大渡河全长1048千米，也比全长793千米的岷江长了许多。因此，严格地说，岷江应该是大渡河的支流。但在历史上，大渡河流域被视为不毛之地，古人对它的认知，自然不能和流经天府之地的岷江相比，因此大渡河也就约定俗成地被称为岷江的支流。

大渡河流域是四川乃至世界上地形反差最大的区域，由大渡河河谷至其右岸的大雪山脉主峰、四川最高峰——海拔7556米的贡嘎山，直线距离仅26千米，高差竟然超过6400米。除了汉源的宽谷盆地，以及铜街子以下的乐山—峨眉浅丘平原，大渡河80%以上的河段均为奇幻险峻的大峡谷。其中在汉源乌斯河至乐山金口河这一段，特殊的岩石及构造，使大渡河峡谷景观的华彩乐章达到极致，其险峻壮丽堪称大渡河乃至四川之最。2001年，在此建立了大渡河峡谷国家地质公园。

岷江在乐山与大渡河汇合以后，往下至宜宾与金沙江合流，始入长江。乐山至宜宾的岷江下游河段，还有右岸的马边河、左岸的越溪河两大支流汇入。

马边河源于大凉山马边与美姑交界处的大风顶一带，由凉山山原直下四川盆地，坡降大，流程长，是岷江的第三大支流。

越溪河源于四川盆地西南部威远至荣县一带的穹隆山地，该穹隆山地也是岷江水系与沱江水系的一个分水岭。

九顶山与岷江茂县河段 摄影/魏伟

雅砻江

雅砻江源于巴颜喀拉山，是长江上游金沙江段的最大支流。雅砻江在流经石渠、甘孜一带地势相对平缓、河谷较为开阔的丘状高原区后，自甘孜以下逐渐进入深切峡谷区。雅砻江中下游的峡谷，也是横断山区最壮观的峡谷段之一。在沙鲁里山脉与大雪山脉之间，自北向南流的雅砻江，在木里县白碉乡附近的理塘河（无量河）—小金河河口，受断裂构造的影响，突然折向东北，行约100千米之后，在冕宁县窝堡乡附近才又重新转向南流，由此形成著名的雅砻江大拐弯。雅砻江在攀枝花市汇入金沙江。

雅砻江左岸有一条大支流——安宁河，它发源于凉山山原北端的小相岭。安宁河河谷是凉山山原上的平坝宽谷，地势平坦、水源丰沛、日照充足，因此成为凉山州以及攀枝花市境内最重要的农业区。除了农产丰富，这里也是城镇的集中区与工业基地。安宁河左岸有四川著名的天然大湖——邛海，湖水注入安宁河。安宁河沿岸的居民以汉族为主，但此处也是回族、傈僳族、彝族等民族的聚居地。

长江上游川南水系

四川南部的泸州、宜宾境内，有多条河流从贵州高原而下，由南向北直接流入长江，自西向东有横江、南广河、长宁河、永宁河、赤水河，由此构成特殊的川南水系流域。上述河流切过了在这一区域广泛分布的白垩纪砖红色砂岩层，形成了以瓮形山谷、弧形长崖、瀑布群为特色的丹霞地貌。这一区域和周边的贵州赤水、重庆四面山等地一起，构成了中国独具特色的丹霞地貌类型和景观区。

这一区域历史上曾经是僰人聚居地。僰人历史悠久，先秦时期已有“僰”之称呼，当时在川南、滇东北、黔北一带曾有僰侯国。秦代在今宜宾一带设有僰道县，说明川南很早就有僰人聚居。僰人尚武好勇，以击打铜鼓为乐，丧葬盛行悬棺葬，世人称为“僰人悬棺”。僰人因起兵反抗明朝统治，被明朝军队剿灭而至消亡。川南水系流域紧邻云贵高原，历史上多有苗族人迁入，目前已成为四川最大的苗族人聚居地。这一带历史上盛产名酒，目前也是四川乃至中国最大的白酒生产基地。

金沙江中游凉山水系

金沙江中游的凉山水系，源于大凉山和鲁南山，由左岸直入金沙江。流域处在凉山山原南缘向金沙江河谷下降的地带，与金沙江右岸的滇东北高原和乌蒙山区隔江相望。其中，中都河、西宁河、西苏角河、美姑河、金阳河、西溪河的上游及源区，是大凉山及聚居于此的彝族生活的核心区域，这里有昭觉、布拖、美姑等规模宏大的山间盆地与平坝，也是体验中国最大彝族聚居区的原生态彝族文化的不二之地。

金沙江上游沙鲁里山水系

金沙江上游的沙鲁里山水系，源于纵贯川西高原的主干山脉——沙鲁里山，由东向西、由北向南汇入金沙江，包括色曲、赠曲、玛曲（巴曲）、定曲、水洛河等金沙江左岸的大支流。流域范围内，雪岭冰峰、深谷急流、森林草原、藏寨田园，景色十分壮丽。这里也是康巴藏族的主要聚居区，其中，东南端的水洛河流域，除藏族外，还有纳西族聚居。该水系流域中，赠曲河畔的德格，是康巴地区的文化重镇，以德格印经院以及格萨尔王故乡而闻名；巴曲（玛曲）河畔的巴塘，气候温和，地势平阔，田畴广布，是康巴地区著名的农作区，并以盛产苹果等水果而著称，因此民间称“外有苏杭，内有巴塘”。

黄河四川段

虽然黄河在四川的流域面积不大，但四川境内的黄河水系对于整个黄河以及四川有非常重要的意义。黄河干流是四川和甘肃两省之间的界河。四川境内的黄河水系，由阿坝县、红原县、若尔盖县境内的黄河右岸支流贾曲、白河、黑河等水系构成。

四川江河的地质构造背景与水系演化

沧海桑田，山川更替。在漫长的地质年代中，地球陆地上的地貌与水系格局也在不断地变化。我们今天看到的四川地貌与河流水系，基本上定型于距今200多万年的第四纪，特别是第四纪中更新世末期以来的十几万年。而且，这种地貌和水系的形成，都和四川河流的主要源区——青藏高原的隆升有很大关系。如今，人们还可以从许多地质遗迹中去追寻这种地貌与水系演化的轨迹。

丘状高原的曲流与辫状河

四川西部的高原和整个青藏高原一样，最典型的地貌是起伏和缓的丘状高原。这个高原面，在高原抬升以前，曾经是地表经过长期的侵蚀而形成的面积广大、地形平缓的准平原（地形起伏和缓、近似平原的地貌），或称夷平面。由于被快速抬升，所以即使到了“世界屋脊”的高度，这个早期的准平原基本上还保持了它的平缓状态。高原面上的河流，既保持了原来平原上的曲流河（蛇曲），也在宽缓的地形上发育了交织如网的辫状河，这在川西高原的黄河水系，以及长江诸多支流的上游，都可以见到。

断裂谷

伴随着青藏高原的抬升，地块发生断裂，河流循着这些断裂形成的谷地，走出它的河道。尤其在川西高原向四川盆地过渡的边缘地带，河流沿着这些断裂，切割出了横断山系的深邃峡谷。现在川西高原的主干河流，例如金沙江、雅砻江，都是在横断山系中由北向南而行。但在20世纪50年代，中国的地理地貌学家就已发现，沿着斜切川西高原北部的北西走向的鲜水河断裂带，由西向东，分布着邓柯、竹庆海子山、罗锅梁子、松林口等山垭口，在这些垭口的高地上，都留存了古河道的卵石层，表明至少在几十万年前至十几万年前，这里曾经是古金沙江—古雅砻江的一条流路，后来因地壳抬升，这些垭口隆起，河流才变成现在的走向。

黄河第一湾

黄河从昆仑山和巴颜喀拉山的源区出发后，向东南方向奔流了700多千米，到了四川若尔盖县的唐克镇时，却突然来了一个180度的大转弯，掉头流向西北，似乎要返回它初生的摇篮。这是因为，此处所处的若尔盖盆地是在青藏高原隆升过程中因断陷下沉而形成的盆地，由此也成了黄河上游水系的一个汇流之处。若尔盖盆地被岷山、邛崃山、巴颜喀拉山、阿尼玛卿山和西倾山环绕，相较之下，其东南方向的邛崃山脉和岷山山脉抬升更为强烈，其主峰四姑娘山和雪宝顶分别高达6250米和5588米，并形成了岷江、涪江、嘉陵江源头的松潘高地。水不能往高处流，因此黄河不得不掉头回转，循阿尼玛卿山与西倾山之间的西北走向河谷，进入青海的共和盆地，几乎又走了由源头到唐克乡的距离，一直到龙羊峡附近，才穿山过峡，冲出了青藏高原。

黄河四川段·九曲黄河第一湾 摄影/徐献

河流袭夺

有趣的是，四川境内黄河流域与长江流域的范围，也因为河流的袭夺作用，此消彼长，不断变化。无论是由松潘经尕里台前往若尔盖，还是由红原的刷经寺经壤口去到黄河第一湾，都会在浑然不觉中穿越四川境内的长江与黄河的分水岭。之所以会浑然不觉，是因为这些分水岭都是地势极为平缓的丘状高原，长江与黄河的源头在这儿相互交错，几乎到了难分彼此的地步。而若尔盖盆地南侧的大渡河、岷江水系，以及东侧和北侧的嘉陵江水系，其河谷的海拔均低于若尔盖盆地的黄河水系，因此河流下切和溯源侵蚀的强度也远甚于黄河，由此导致长江水系的源头不断向黄河流域扩展，最终使得原来属于黄河水系的一些河段改道并被纳入了长江水系，这就是长江水系对黄河水系的袭夺。袭夺范围从阿坝、壤口、尕里台、巴西、热尔、河它一线，呈南、东、北三面大包围的态势，向若尔盖盆地步步进逼。

这种袭夺过程在地貌上也留下许多有趣的现象。其中之一就是反向河：在嘉陵江水系源头的巴西、包座，在岷江水系源头的尕里台、毛儿盖，在大渡河水系源头的龙日坝西侧、壤口，都可以看到，这些源头河流仍有一段保留了原来向北入黄河的流向，迥异于现在长江水系向东向南的流向；此外，一些河段因改道被废弃之后，它原来流路上的河床砾石仍然被保存下来。

除了长江水系对黄河水系的袭夺，长江水系的河流之间，也会因地势的差异产生袭夺。例如，由松潘去九寨沟，必定要翻越岷江与嘉陵江支流白河的分水岭弓杠岭。弓杠岭上突兀耸立着两座烽火台一样的平顶方山，分别被称为斗鸡台、公斗鸡。登上这两座山丘，你会发现，它们皆由古河床砾石层堆积的砾岩构成。据研究，这些砾岩为距今80万年左右岷江古河床的沉积物。因弓杠岭的强烈抬升，以及弓杠岭北侧嘉陵江水系的河谷海拔远低于弓杠岭南侧的岷江水系，嘉陵江上游的白河不断向南扩展并袭夺岷江源头的水系，使岷江源头向南退缩，原来的岷江古河道中沉积的砾石层，便残留在现今的分水岭处，形成斗鸡台这样的方山孤丘，成为青藏高原边缘地壳强烈隆升的见证。

成都平原周边，在邛崃与名山之间有岷江水系与青衣江水系的分水岭，在德阳与罗江之间，有沱江水系与涪江水系的分水岭。在这些分水岭上，人们都发现了距今十几万年以前的古河床留下来的砾石层，这表明：青衣江、岷江、涪江等水系，以前是由这些分水岭垭口上的古河道连通的。后来因这些垭口所处的地块抬升，才使河流分流成现在的格局。

岷江汶川雁门河段 摄影/魏伟

深切曲流

龙泉山与华蓥山之间的川中丘陵地区，河流最具特色的地貌特征就是嘉陵江、渠江、涪江、沱江的曲流。曲流，又称河曲或蛇曲，常见于开阔平缓而又松软的冲积平原上，因河床和水流的自由摆动，曲流得以充分发展，例如江汉平原著名的荆江河曲。与冲积平原上的曲流不同的是，川中丘陵地区嘉陵江等水系的曲流蜿蜒于由红色砂岩、泥岩构成的丘陵之中，从而成为世界曲流地貌中一个另类的典型。

川中丘陵的曲流，深切于红层基岩之中，而这一四川盆地中的红层丘陵在早期曾经是古湖平原，显然在那时，曲流就已奠定了它的雏形。当沿着川中丘陵的河流两岸行走时，人们常常会发现在两岸的丘陵山顶上覆盖着厚厚的间杂着黄色沙土的卵石层，这就是至少十几万年以前四川盆地古平原的河湖沉积。它的成因和形成年代，和上文提到的成都平原周边分水岭上的砾石层基本相当。这些卵石层不仅分布十分广泛，而且所处位置已普遍高出现在的河面80米至100米以上，最高的可超出约200米，它表明随着地壳的抬升，现代河流已从原来的古平原上下切了较大距离。而且古平原上的曲流在下切过程中，其弯曲度还会逐渐加大，由此形成“深切变形河曲”。

曲流弯曲度不断加大，导致曲流颈部越来越窄，最终被冲断，形成河道的截弯取直。原来的河湾段被废弃，逐渐成为牛轭状的湖沼，这些湖沼干化后，易形成大片耕地，因而

常常成为村落、城镇的聚集地。而原来曲流环绕的半岛状山丘，也因为河道的截弯取直成为完全孤立的离堆山。这种河道的截弯取直，以及伴生的古牛轭湖、离堆山，在川中丘陵的嘉陵江、渠江、涪江、沱江水系广泛分布，成为极具特色的河流地貌景观。

由于曲流的发育，在由广元至合川这段直线距离200多千米的红色丘陵中，嘉陵江干流竟然走出了长达640多千米的蜿蜒河道，形成百折千回的曲流奇观，而且有多处近于360度的环形曲流，这也造就了独特的河流文化。例如嘉陵江的南充青居曲流，青居镇位于宽仅400米的曲流颈部，而嘉陵江在青居镇北侧来了个近180度的大转折，在绕行17.1千米，形成一个近乎完美的椭圆环后，又来到了青居镇的南侧，以致历史上拉船的纤夫上行时，出现“朝发青居，暮宿青居”的奇事，并留下“河上行一天，岸上一袋烟”的趣话。而且，还出现曲流中部曲水镇的居民到青居镇赶场，往返均向下游行的趣事。

曲流造成的河岸有凸岸和凹岸之分，凸岸是泥沙卵石堆积形成的河滩，凹岸则是河流冲刷侵蚀之处，常常形成深水河湾，利于船只停泊。故而在历史上，常常在曲流的凹岸处形成水运码头和集镇。川中丘陵沿江的大部分城镇，都是依托曲流凹岸的水运之便而形成并发展的，例如嘉陵江沿岸的阆中市之河溪镇、双龙镇，南部县之富利镇、盘龙镇，蓬安县之金溪镇，南充市之龙门镇，武胜县之沿口镇，等等。

嘉陵江阆中河段 摄影/李天社

四川江河的生态与环境价值

水是生命之源。河流就像贯通大地的血脉，河水像哺育地球生灵的乳汁。河流提供了生物世界赖以生存繁衍的水源和水环境，提供了维持地球生态系统平衡最基本的条件。所以，人们常常把流经自己世居地的河流称为“母亲河”。

以四川境内的黄河流域为例，这里地处中国最大的泥炭沼泽区——若尔盖湿地，也是青藏高原最重要的高寒沼泽湿地生态系统的组成部分。这片湿地实际上地跨四川的若尔盖县、红原县、阿坝县，甘肃的玛曲县、碌曲县，总面积约36970平方千米[1]，平均海拔约3500米。一方面，若尔盖湿地是黄河的重要水源涵养地，在丰水期和枯水期对黄河上游的水量补给约占黄河上游来水总量的29%和45%。另一方面，若尔盖湿地又孕育了以黑颈鹤为旗舰物种的高寒湿地生物群落，包括200多种植物、400多种动物，其中国家一、二级保护动物就达22种。这片湿地是世界上仅有的几处黑颈鹤夏季繁殖地之一。

四川西部横断山区的岷江、大渡河、雅砻江、金沙江等流域，是中国为数不多的最重要的原始森林分布区，是世界上生物多样性最突出的热点地区之一。以大渡河流域为例，这里有四川乃至世界上地形反差最大的区域，由大渡河河谷至其右岸的大雪山脉主峰、四川最高峰——海拔7556米的贡嘎山，直线距离仅26千米，高差竟然超过6400米。大渡河右岸的贡嘎山东坡，因巨大的垂直高差，而成为四川垂直自然带分布最为多样和最为完整的区域。在短短几十千米的距离内，随着海拔的迅速变化，可以呈现从河谷亚热带，经山地亚热带、山地暖温带、山地寒温带、亚高山寒带、高山寒带，至高山寒冻带、高山冰雪带的气候变化；植被也呈现从亚热带灌木、草丛，到亚热带常绿阔叶林带、暖温带针阔叶混交林带、寒温带针叶林带、寒带灌丛草甸带、寒带草甸带、垫状植被寒漠带的变化。这里也是四川原始森林保存面积最大、生物多样性最丰富的区域。

长江源远流长，流域面积广大，是地球上最重要的淡水水生生物基因库及其水生生态系统的依存地。仅四川境内的长江上游干流，就有鱼类280多种，这些鱼类绝大多数是中国所独有的、适应于长江自然水体生态条件的特有物种，包括白鲟、达氏鲟、胭脂鱼等诸多保护鱼类，还曾有自东海沿长江上溯至金沙江产卵的中华鲟等。

长江上游的岷江、青衣江、大渡河水系，也是许多珍稀特有鱼类的栖息繁衍之地。这里的鱼类超过160种，其中尤以虎嘉鱼（川陕哲罗鲑）、雅鱼（齐口裂腹鱼）等为代表的珍稀特有种引人注目。

1 严晓瑜：《不同时间尺度若尔盖湿地植被变化及其与气候的关系》，中国气象科学研究院硕士学位论文，2008年。

但最近几十年来，随着社会的经济与技术发展，以及人类大规模改造自然的活动的开展，河流及其生态环境遭受严重的影响与破坏，这是中国的可持续发展面临的巨大风险与挑战。

20世纪的60—80年代，为了开辟牧场和耕地，黄河流域的若尔盖湿地，曾经发生大规模的挖沟排水，排水沟总长超过1000千米，仅根据1986年与1966年的数据对比，天然湿地的面积就减少了19%。[1]缺水、草场过牧、草地退化沙化、鼠害等结果随之产生并加剧。在目前的环境治理与恢复中，采取的主要措施之一就是封沟复水、退牧还沼。

四川西部山区的岷江（上游）、大渡河、雅砻江、金沙江等流域，是中国面积最大的原始林区之一，自20世纪50年代开始，成为四川最重要的森林采伐区，直到1998年禁伐天然林方止。但大规模的森林采伐，已给河流环境带来不利影响。

森林是河流的重要水源涵养地，森林涵养水源的能力与森林面积有着十分紧密的相关性，随森林面积的减少而降低，随森林面积的增加而升高。以岷江为例，岷江上游的森林覆盖率在20世纪50年代超过35%，此后逐年下降，至20世纪90年代已不足15%，此后有所恢复，但截至2007年尚未达到20%。[2]而岷江上游的年径流量，由1937—1969年的年均156.50亿立方米，减少到1970—2016年的年均135.07亿立方米。[3]

对四川的河流环境及其生态系统影响最大的，是最近几十年全江全流域梯级水电开发。由于四川的河流地处青藏高原向四川盆地过渡的地形斜坡带，有巨大的水位落差，因此四川成为中国水电开发的重点区域，并已成为中国排名第一的水力发电大省。目前，四川境内的金沙江、渠江、嘉陵江、涪江、沱江、岷江上游、青衣江、大渡河中下游、雅砻江下游，都已基本完成了梯级水电开发，原来自然流动的河流已被人工渠化为一级级首尾相连的水库台阶（详见附录中的《四川长江—金沙江干流及主要支流水电开发概览》）。

梯级水电开发修建的一座座大坝截断了河流，对河流中生存的鱼类影响最为严重。这主要表现在以下方面：阻断鱼类的洄游通道；淹没鱼类的产卵场；天然河流变为人工水库后，因流速减缓、泥沙沉积，河床结构、水深、水温、流态及饵料生物组成等发生较大变化，使鱼类的原有生境改变或丧失，从而导致生物种群的衰减甚至物种的灭绝。

虽然过度捕捞、水污染等是影响鱼类等水生生物生存的重要因素，但据研究，修建水坝是近百年来造成全球9000种淡水鱼类近1/5面临灭绝威胁的最主要原因。据中国科学院水生生

1 白军红、欧阳华、王庆改等：《大规模排水前后若尔盖高原湿地景观格局特征变化》，《农业工程学报》，2009年增刊第1期。

2 满正闯、苏春江、徐云等：《岷江上游森林涵养水源的能力变化分析》，《水土保持研究》，2007年第3期。

3 黎永红、薛晨：《紫坪铺水库入库径流年际变化特征分析》，《四川水力发电》，2017年增刊第2期。

物研究所专家的研究，仅三峡工程就将使长江上游约2/5的特有鱼类的栖息地面积缩小约1/4。[1]

为了保护长江上游珍稀特有鱼类，减轻因水电开发带来的不利影响，国家于1997年在长江上游干流的四川合江至雷波段，建立了长江合江—雷波段珍稀鱼类省级自然保护区，2000年升格为国家级自然保护区。

此后，金沙江下游向家坝、溪洛渡两个大型水电站又占据了这个国家级自然保护区的核心区与缓冲区，迫使该保护区在2005年由原来的合江—雷波段向下迁移至重庆三峡库区库尾至宜宾向家坝坝下的江段，并增加了赤水河干流以及岷江干流的宜宾至月波江段作为补充，保护区更名为“长江上游珍稀特有鱼类国家级自然保护区”。

白鲟是长江特有种，国家一级保护野生动物，是长江也是世界上最大的淡水鱼，一般体长2～3米，体重200～300千克，最大者体长可达7.5米，体重1000千克。它和分布于北美密西西比河流域的匙吻鲟是世界上仅存的两种匙吻鲟科鱼类。葛洲坝和三峡工程修建后，白鲟种群被分隔在长江上游和中下游江段，而且由于生境的恶化，除2002年、2003年分别在南京下关、四川宜宾涪溪口各捕到一尾白鲟的成年个体外，迄今再未发现任何白鲟个体，专家们认为白鲟实际上已经灭绝。

虎嘉鱼原来分布在都江堰以上的岷江，青衣江上游的天全河、大川河，峨边以上的大渡河等河段。虎嘉鱼是鲑鱼科哲罗鱼属的5个鱼种之一。哲罗鱼属是大型冷水性鱼类，其中的4个种皆分布于中国的黑龙江与额尔齐斯河以及西伯利亚等地，仅虎嘉鱼分布在北纬29°～33°的巴颜喀拉山—秦岭一线以南，被认为是第四纪冰川期由北方南侵而孑遗的特有种，在动物地理、古生态、鱼类系统与气候变化等多方面具有重要科学价值。虎嘉鱼是岷江—大渡河上游最大的淡水鱼类，体长最长可超过1米，体重最大可达50千克，历史上是重要的经济鱼类。

岷江上游汶川、茂县、黑水、理县的一些河段，1996—1997年，还出现过偶然被捕获的虎嘉鱼个体，但目前已绝迹。

青衣江上游，20世纪80年代，虎嘉鱼在大川河、天全河还有分布，但到20世纪90年代初已消失。

大渡河流域，20世纪80年代，在汉源至阿坝的河段还可捕到虎嘉鱼，但此后，虎嘉鱼

---

1 曹文宣：《长江上游特有鱼类自然保护区的建设及相关问题的思考》，《长江流域资源与环境》，2000年第2期。

已完全退缩到大金川双江口以上的足木足河、麻尔曲河段，目前已属极度濒危的物种。而足木足河、麻尔曲河拟建和在建的水电站，将进一步极大压缩虎嘉鱼最后的生存空间，加速其灭绝的过程。

除了极大改变水生生物的生存环境，梯级大坝还使自然流动的江河变成了流速缓慢或接近静止的水库，从而使河流的自我净化能力（水环境容量），即消纳污水的能力大大降低，使水质更容易恶化，人类赖以生存的水环境趋于恶化。这对一些原来污染就比较严重的河流，例如沱江等河流，是更严峻的考验。

作为长江上游的水系，在自然状态下，四川的河流是要把上游绝大部分的泥沙搬运到长江中下游的平原去沉积。但修建水库后，大部分泥沙将沉积在水库里。这一方面将导致水库库容逐渐被泥沙淤满，从而使防洪、通航、发电等功能丧失。例如，大渡河干流上于1971年开始蓄水的龚嘴电站，到1991年底，总淤积量已达2.35亿立方米，占原库容的62.9%。过水断面逐年变浅变窄,目前已接近天然流态，失去了防洪蓄洪能力。另一方面，由于泥沙把河床填高，以及水库蓄洪抬高水面，上游的洪灾风险加大。以2020年8月四川的暴雨洪水为例，其影响范围包括岷江、沱江、嘉陵江、金沙江中下游，累积雨量超过250毫米的面积约7万平方千米，超过100毫米的面积约22万平方千米，暴雨强度大于1981年7月的暴雨（该暴雨造成1949年以后四川的最大洪水）。但2020年8月有两个暴雨过程，形成两个大洪峰，单一洪峰规模不及1981年7月。三峡水库上端的寸滩水文站，测得2020年最大洪峰流量为每秒74600立方米，比1981年的最大洪峰流量每秒85700立方米要少13%，但水位却达到191.62米，超过1981年的191.41米，超保证水位8.12米[1]。这主要与三峡水库拦蓄洪水抬高水面有关。

四川沿江的河谷地带，尤其是西部高山峡谷的河谷区，是耕地、城镇与乡村聚落最为集中的区域。河流梯级水库的建立，使不少这样的繁华之地被淹没，尤以大渡河、岷江、金沙江、雅砻江等河谷地带为甚。由此造成城镇村落的搬迁，以及大量移民的产生，极大改变了当地原有的社会与文化结构。同时，移民生计的维持和生活水平的提高，以及搬迁城镇的经济与社会发展，都面临着考验。四川因水电开发而整体搬迁的县城就有金沙江畔的屏山县、大渡河畔的汉源县、雅砻江畔的盐边县等。

另外，城市及开发区的大规模扩展，不适当的水资源利用模式，也加剧了水资源短缺的状况。例如，都江堰灌区基本仍采取漫灌的方式，2019年亩均用水量为527立方米，超过全

1 陈敏：《2020年长江暴雨洪水特点与启示》，《人民长江》，2020年第12期。

国平均水平（据水利部统计，全国平均每亩实际灌水量为450～500立方米，这已超过了实际需水量的1倍左右，有的地区高达2倍以上）。2019年都江堰灌溉水利用系数（灌入田间的有效水量与渠首引进的水量之比）为0.555，虽然达到2020年的国家要求，但仍有很大提高空间——国家要求2030年提高到0.600以上，而国际先进水平一般在0.700～0.800以上。

过度引水也是造成水资源短缺、水环境恶化的重要原因。1949年，都江堰灌溉面积283万亩。经过七十多年的不断扩展，灌区已由成都平原的14个县扩展到包括涪江、沱江流域丘陵区的37个县，面积也达到1010万亩。2020年开始通水的毗河引水工程，还将增加灌溉面积333万亩。

上述灌溉面积的扩大都是通过都江堰内江渠系的东风渠、人民渠，引水穿龙泉山至川中丘陵实现的，因此必然要加大内江的引水量；此外，成都主城区、主要工业开发区的引水，也有赖于岷江的内江渠系（1974年建起了外江闸，1992年建起了飞沙堰闸），都江堰的人工调节已成为主导，四六分水、自然调节已成为历史。通过宝瓶口及六大干渠的引水量目前达到每年约110亿立方米，已占岷江常年总来水量的70%，远超河流引水量不得超过径流量30%的国际通行标准。这使得流经成都平原的岷江干流（外江）——金马河长期断流，流经成都主城区的府南河（锦江）也无法保证基本的生态流量。

为解决成都平原水资源短缺的问题，除了新建蓄水水库以外，“引大济岷”工程又被提上了议事日程，计划在大渡河上游的大金川每年引水33.2亿立方米至岷江。但现已大部分完成的大渡河梯级水电开发，是按现有的大渡河流量设计的，而拟议中的南水北调西线，也计划从大渡河每年调水40亿立方米，如果加上“引大济岷”，大渡河在枯期极有可能出现断流（大渡河仅干流的电站在每年10月至12月的蓄水量约100亿立方米，而大渡河10月至12月的径流量约94.35亿立方米）。而且，即使实施“引大济岷”，在现有的水资源利用模式下，也无法满足水资源需求的持续增长。

因此，在水资源量、水环境容量的允许范围内，考虑城市、开发区、工业区的发展模式，以及发展规模和速度，加大节水工程的实施力度，在农业用水、工业用水、居民用水、城市规划等方面进行技术推广，加强政策引导，促进社会参与，可能是更好的选择。将巨大的调水工程投资用于节水工程，甚至不需要同等的投资，也有可能达到同样的实际增水效果。

四川作为河流环境因高强度开发已发生重大变化的水利水电大省，必须思考如何应对这些变化，减少各种负面影响，调整和改善现有的河流开发与管理模式，实现人与河流、人与自然的和谐相处，走可持续发展之路。这对四川而言，无疑是一个巨大的挑战。

福兮祸兮：四川江河的自然灾害和人为灾害

文/贺帅、第宝锋等[1]

四川江河历来灾害发生较为频繁，且灾害损失较大。从灾害的成因来看，江河灾害的类型大致包括两种，一种是自然灾害，另一种是人为灾害。从时间尺度来看，江河灾害发生的过程包括快速过程和缓慢过程两种。四川江河灾害种类繁多，且不同灾害在不同江河或河段呈不均匀分布，有的江河或河段易遭受某一灾害或多种灾害的袭击，也有部分河段未发生过灾害，特定类型的灾害在特定季节易集中发生在某些河段。四川江河灾害在时空上有其特定规律，多数灾害存在空间和季节特征，少数灾害存在随机性，未有特定规律。本文拟从四川江河灾害的类型、特点、表现形式与危害诸方面作简要论述。

四川地理与江河、气候概况

四川位于我国西南腹地，介于北纬26° 03′ ～34° 19′ ，东经97° 21′ ～108° 12′ 之间，东连重庆，南邻云南、贵州，西接西藏，北抵陕西、甘肃、青海。东西横跨1075千米，南北纵越900多千米，位于中国大陆第一级阶梯青藏高原和第二级阶梯黄土高原、云贵高原过渡带，东西高低悬殊，地形地貌迥然不同，地跨青藏高原、横断山地和四川盆地三大地貌类型，西部毗连青藏高原，以高原和山地为主，东部为广阔的四川盆地，以平原为主。四川东西部地势落差巨大，从西部海拔最高的贡嘎山，下降到东部海拔最低的成都平原，总落差近7000米。因巨大的地势落差，四川蕴藏了丰富的水能资源。

1 齐佳馨、江岩李、高兴参与了资料搜集与整理，对本文亦有贡献。

四川全省面积48.6万平方千米，其中山地、丘陵、平原和高原分别占全省面积的77.1%、12.9%、5.3%和4.7%。省内共辖21个地级行政区（18个地级市、3个自治州）、183个县级区划。截至2021年末，四川省常住人口8372万人，户籍人口9094.5万人。2021年全省地区生产总值为53850.8亿元，全国排名第六，但人均GDP排名较低。四川境内拥有丰富的矿产资源和能源资源等自然资源，为区域产业发展提供了得天独厚的优势。

四川江河分布密集，境内流域面积在100平方千米以上的河流有上千条，流域面积广阔，水量丰富，号称“千河之省”。省内共有十大主要河流，分别为长江（金沙江）、雅砻江、大渡河、岷江、嘉陵江、沱江、涪江、渠江、安宁河、青衣江。十大河流干流全长约7900千米，流经四川人口、城镇最为集中的地区。境内江河以长江水系为主，仅红原黑河、白河等少数河流及若尔盖湿地属黄河水系。

因东西地貌差异，四川河网结构以树枝状水系为主。岷江、沱江等分布于盆地及边缘地区的河流总体上以向心状向盆地南部汇集，并与其他河流互相沟通，形成扇状河网，极易发生洪涝灾害；雅砻江、大渡河等位于高山高原区与川西地区的河流基本为西北—东南走向，支流多为树枝状、羽毛状，河道狭窄，比降较大，水流湍急；嘉陵江等位于盆地中部的河流河道纵横，九曲回肠，流速较慢，但涨水较快，洪峰易于集中。

四川地处亚热带，受地形和气候环流的影响，分属三大气候区。东部盆地气候温暖湿润，属于亚热带湿润季风气候，年降水量达1000～1200毫米，50%以上集中在夏季。川西北高原山地连接青藏高原东南部，海拔多在4000米以上，高差较大，冬寒夏凉，水热不足，年降水量500～900毫米，属于高原大陆性气候。川西南山地属于横断山脉地形区北段，山河相间，纵列分布，全年气温较高，年降水量900～1200毫米，干湿季分明，属于亚热带半湿润气候。省内江河气象灾害季节分布明显，夏季受西太平洋副热带高压影响，气象灾害最为频繁，主要包括暴雨、洪涝和干旱等灾害；春秋冷、暖空气活动频繁，春季多发生低温、连续阴雨、大风和暴雨等灾害，秋季以绵雨为主；冬季受冷空气影响，以雾、低温、雪和冷冻灾害为主。

四川地处喜马拉雅—地中海地震带，境内龙门山、鲜水河、安宁河三大主断裂带交错分布，地震活动密集且强烈，地震灾害分布广泛，西部山区和东部盆地边缘，易因地震灾害堵塞江河，引发地震洪水。四川境内的地形地貌和独特的地质构造条件，加之暴雨、地震等频发，使其成为地质灾害多发、易发区，其中尤以强降水引发的地质灾害最为突出。

四川江河灾害的特点

随着人类活动的加剧，全球极端自然灾害事件频发，四川暴雨、洪涝、干旱、地震、滑坡、泥石流等自然灾害多发，已对区域社会经济活动和生存环境构成了严重威胁。国家统计局公布的《中国统计年鉴（2020年）》显示，2010—2019年，四川受灾直接经济损失最为严重，占全国总损失的10%，受灾人口占全国总受灾人口的8%（见图1-图3）。

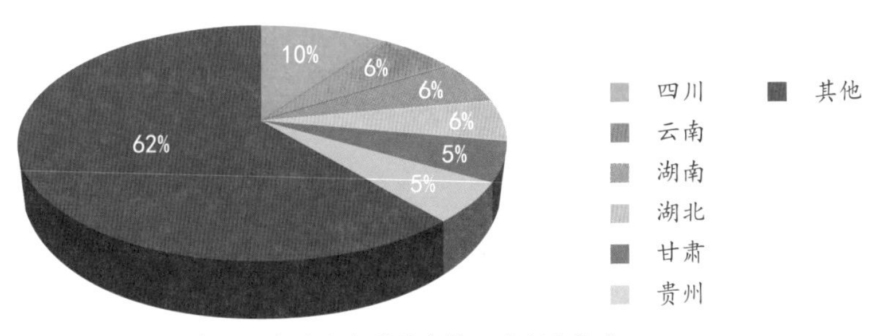

图1　2010-2019年全国自然灾害累计直接经济损失构成

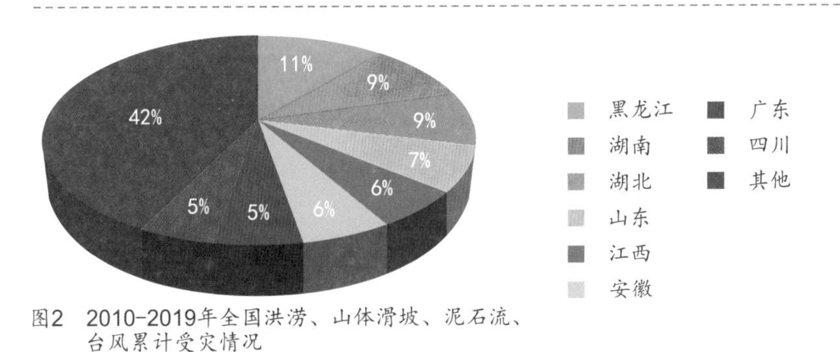

图2　2010-2019年全国洪涝、山体滑坡、泥石流、台风累计受灾情况

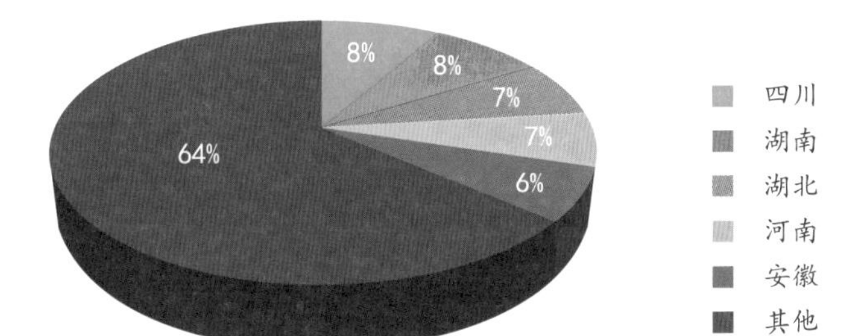

图3　2010-2019年全国自然灾害累计受灾人口构成

四川水系发达、江河密布，流域面积广，水量充沛，从西部高原到东部盆地，不同季节和时段均有气象灾害、地质灾害等各类灾害发生，总体呈现出灾害频发、影响范围广、多灾并发、季节和地域差异显著等特点。历史资料也印证了这一点。不同时期的文献均反映四川气候灾害发生频率高，江河常年发生暴雨、洪涝等灾害。四川水网密度大，江河灾害的发生对流域范围内的许多城镇造成了不同程度的危害，影响范围极为广泛。

四川江河灾害以洪涝灾害为主，且常见因地震等其他类型灾害造成江河堵塞、形成堰塞湖，或因江河堤坝受损而引发的次生洪涝灾害。多种灾害在同一时间或同一地点发生的多灾并发是导致四川江河灾害加重的重要原因。四川江河洪涝灾害受气候条件影响较大，由于暴雨分布面大小不同，且降水量季节变化显著，不同江河发生暴雨的时间不同，盆地东部江河丰水期为5—10月，川西高原与盆地西部江河丰水期为7—9月，川西南与盆地中部江河丰水期为6—9月，不同江河发生灾害的季节差异较大。

江河人为灾害的产生与人类活动息息相关，主要集中在人类活动密集的区域。四川江河流经境内人口和城镇最为集中的地区，人类生产生活活动造成的水资源污染问题也日益严重。四川江河人为灾害中影响最为突出的是因生产和技术安全事故导致的水体污染灾害。为推进经济快速发展，大批工业企业应运而生，因环保意识缺乏和法制观念淡薄，生产上的安全事故或技术问题造成的水体污染事件频发。从区域分布来看，东部盆地人类活动较为频繁，西部多山地，城镇分布较少，人类活动少，因而，四川东部盆地的江河人为灾害较西部更为严重。

四川江河自然灾害

四川江河自然灾害受地形地貌和气象条件影响极为显著。气象因素所导致的灾害类型主要有暴雨、洪涝、干旱和低温冷害等。该区域独特的地质地貌特征则导致滑坡、泥石流等地质灾害突发频发。地震和地质灾害发生在江河流域，往往会堵塞江河，极易诱发江河灾害。自然灾害引发的直接和间接危害，已成为影响社会经济持续发展的重大阻碍。

洪涝灾害

洪涝灾害是对洪灾和涝灾的统称。洪灾是指因长期降雨或其他原因，使江河、湖泊、水库、海洋等容水场所水体水量迅猛增加、水位急剧上涨并超过常规水位而造成的灾害现象；涝灾是指因降水过多，地面径流不能及时排除，农田积水超过作物耐淹能力，造成农业减产的灾害现象。

洪涝灾害是世界上影响最为严重的自然灾害之一，是由河流泛滥造成的，往往分布在人口稠密、河流湖泊密集、降雨充沛的地区。自古以来，洪涝灾害就一直是困扰人类社会发展的自然灾害。四川是我国洪涝灾害最为频发的地区之一，几乎每年均有洪涝灾害的发生，据史书记载，四川最早的洪涝灾害记录可上溯至汉高后三年（公元前185年）。1952—2018年，四川洪涝累计受灾面积2258.1万公顷（1公顷为10000平方米），洪涝年均受灾面积为61万公顷，累计绝收面积达1133.9万公顷，年均绝收面积30.6万公顷。[1]

根据灾害的成因，四川洪涝灾害分为暴雨洪灾、溃决洪灾和涝灾三种类型，其中因暴雨引起的洪涝灾害为主要灾害类型，涝灾和溃决洪灾发生概率较小。四川暴雨洪涝灾害具有历时长、强度大、发生频率高、影响范围广、季节性强、年际变化大等特点。境内江河洪灾主要为山溪型和江河型洪灾：山溪型洪灾较为严重，占洪灾总量的7成以上，多发生在川西地区和盆地四周山地；江河型洪灾则主要发生在大江大河的中下游地区，成都平原和盆地腹部地区是该类洪灾的重灾区。

四川江河洪涝灾害典型案例

四川几乎每年都会遭受不同程度的洪涝灾害，发生特大洪涝灾害较为频繁，大范围洪灾约20年一遇。四川历史上不乏严重洪涝灾害的记载，自1949年以来，四川发生了多起特大洪涝灾害，如1981年、1993年、2015年、2020年的洪涝灾害。

1981年7月洪水　1981年7月9日至14日，四川盆地遭遇历史上罕见的连续暴雨。11日至13日雨量集中，强度大、范围广，3天造成总降雨量在105毫米以上的暴雨中心有4个，最大降雨量为206.1毫米。6天连续暴雨集中分布于嘉陵江干流、涪江中下游、沱江上中游、岷江与渠江中游地区，暴雨中心降雨量超过400毫米的有10个站点，影响范围达2600平方千米，全省135个县市普降暴雨。6天降雨量大于300毫米的降雨面积近2万平方千

1 四川省统计局：《四川统计年鉴：2019》，中国统计出版社，2019年。

米，影响范围极广。嘉陵江、涪江、沱江同时遭遇大洪水，岷江、渠江也出现了较大洪水，致使四川盆地出现了有水文记录以来的最大面积洪水。此次洪水洪峰流量高达85700立方米/秒，成为20世纪以来影响最大的洪水灾害之一。

此次洪水波及四川14个市（州）、119个县（市、区），受灾人口达1584万人，淹没房屋223.7万间，冲毁房屋139万间，造成888人死亡、12010人受伤，直接经济损失超过20亿元。洪水淹没城镇共53个，其中受灾最为严重的金堂、潼南、合川、资阳、资中、射洪、南部等7个县城绝大部分被洪水淹没，金堂主街道淹没水深达5～6米，淹没时间长达两昼夜。洪水淹没农田1311万亩（1亩约为667平方米），造成大面积农田绝收，冲毁耕地112万亩，绝收面积达342万亩，因灾减产达13.35亿千克。此次洪灾淹没、冲毁多处公路与桥梁等工程，且因洪水位高，造成多处发生塌方，致使公路和电信线路中断。

2013年7月9日特大暴雨洪灾　2013年7月7日至13日，四川盆地西部遭受连续6天暴雨袭击，致使全省16个市（州）、95个县（市、区）共350万人受灾，59人死亡、174人失踪，因灾转移30余万人；倒塌房屋6000余间、严重损坏房屋近万间、一般损坏房屋80700多间，冲毁国家、省干线公路和重要经济干线23处，冲毁路基1550千米，损毁桥梁133座、水库29座，造成农作物受灾面积达10.32万公顷，直接经济损失达203亿元。

此次特大暴雨洪灾发生前，四川已经历9次强降雨过程，该特大暴雨从7月7日持续至12日，历时6天。降雨区域连片集中，强降雨中心持续停留在广元西部、成都、绵阳、德阳、雅安等地震重灾区，其中汶川、芦山地震灾区的27个极重灾县降雨超过100毫米，12个极重灾县降雨超过250毫米；强降雨波及面广，40个县出现大暴雨，12个县遭遇特大暴雨；强降雨引发多条河流水位迅猛上涨，12条河流超警戒水位，9条河流超保证水位。强降雨导致四川大面积出现严重洪涝和地质灾害。由于强降雨的持续时间长，山洪、泥石流、滑坡、崩塌等次生灾害不断衍生，导致不同规模的堰塞湖、壅塞体等相继出现，多灾并发导致四川遭受严重的人员伤亡和经济损失。

2020年8月洪涝　2020年8月，四川多地连续出现大面积极端暴雨天气，据国家自然灾害灾情管理系统统计，这次洪灾造成四川19个市（州）、142个县（市、区）341.9万人受灾，直接经济损失达164.2亿元，迫使四川启动自2005年防汛应急响应制度建立以来的首次Ⅰ级防汛应急响应。乐山、雅安等地受灾尤为严重，因暴雨灾害转移群众10万人。

8月10日20时至8月11日8时，四川省雅安市境内普降大暴雨，雅安市芦山县、雨城区、天全县、宝兴县受灾严重，其余各地均受到不同程度灾害。最大降雨量428.5毫米出现在芦山县芦阳镇洛河站，青衣江干流灵关站、多营坪站，支流芦山河芦山站、名山河名山站和蒙山站有不同程度的涨水过程，青衣江多营坪站最大流量出现在8月11日4时45分，洪峰水位589.50米，高于警戒水位1.04米，水位变幅8.38米，超历史最高水位。截至2020年8月13日11时，雅安市应急管理局发布消息：该次暴雨已导致雅安市范围7人死亡（芦山县6人、雨城区1人）、7人失联（雨城区3人、宝兴县2人、石棉县2人），受灾人口达40342户143060人，紧急转移安置15590人（分散安置13773人、集中安置1817人）。

8月18日，受青衣江百年一遇洪水影响，乐山市市中区凤洲岛连接桥梁被淹没，凤洲岛成了孤岛，乐山遭遇百年一遇的特大洪涝灾害。

2010年8月13日被汶川特大泥石流掩埋的房屋 摄影/范晓（摄于四川绵竹清平乡文家沟沟口）

四川江河洪涝灾害的时空特征

洪涝灾害是四川发生频率最高、影响最为严重的灾害类型，同时也是四川江河面临的最主要灾害类型。复杂的地形地貌特征和气候条件使得四川江河洪涝灾害呈现出明显的季节特征和区域差异。

四川江河分布与大气降水分布大体一致，东部盆地江河密度高于西部高原，盆地边缘江河密度较中部高。四川是暴雨多发区，暴雨的季节变化和年际变化较大。盆地区域每年都会有不同强度的暴雨，且区域暴雨年际差异显著。盆地西部及东北部属于暴雨多发区，几乎每年均会有强降雨，盆地其他区域亦常有暴雨发生，盆地南部暴雨发生频率最低。川西南山地以南暴雨发生频率偏高，以北的地区暴雨发生频率差异较大，部分地区约四分之三的年份无暴雨。甘孜、阿坝属于少雨区，大部分区域10～20年才发生一次暴雨。

四川江河洪涝灾害主要因暴雨而形成，但因地形地貌的影响，四川江河年径流深自东南向西北递减，江河洪涝灾害的区域差异显著。川西为高山地区，河谷多呈V型，河面窄且多深谷，流速急、落差大，雨季河道内水量剧增，大量泥沙沉积，堵塞河道，水流难以排泄；川东为盆地，河面变宽，河谷多呈U型，流速变缓，支流交错，水量增多后，各支流洪峰叠加，极易形成重大洪涝。盆地区域雨量集中，盆地江河洪水一般涨落较快，洪峰高、洪水量大，过程集中，洪涝灾害发生频率较高，且盆地西部洪灾多于东部，盆地周边区域多山洪型洪灾，平原地区多江河型洪灾。川西高原区域少雨，江河涨落较慢，洪峰低、洪水量小，过程平缓，洪涝灾害发生频率偏低，以山洪型洪灾为主。

2009年8月9日大渡河特大山崩形成的崩塌面，山崩位于大渡河瀑布沟电站水库左岸
摄影/范晓（摄于瀑布沟电站水库蓄水后的2010年6月）

暴雨的季节性变化规律显著，盆地东部暴雨集中在5—10月，川西高原和盆地西部暴雨集中在7—9月，川西南与盆地中部暴雨则集中在6—9月。暴雨洪灾发生时段主要集中在5—10月，以7—8月为剧，7月洪灾尤为严重，9月次之。

四川东西部地形对局地气候的影响较大，使得暴雨分布有着显著的空间差异。九寨沟县—茂县—理县—泸定—锦屏山一线将四川分为东西两部分，东部盆地为主要的暴雨区，西部的甘孜、阿坝为少雨区。四川的暴雨中心主要集中在盆地区域，形成青衣江、龙门山和大巴山三大暴雨区。青衣江暴雨区位于大渡河支流青衣江中下游，是四川省暴雨、特大暴雨区，也是暴雨强度最大的区域。龙门山暴雨区位于岷江、沱江和涪江三江的上游区域，该暴雨区易导致江河洪峰高、洪水量集中，对三江中下游区域造成巨大影响。大巴山暴雨区位于渠江上游、嘉陵江上游以东区域，该区域的暴雨强度在三大暴雨区中最小。

四川江河中，最易形成严重洪涝灾害的河流为渠江，系因渠江地处大巴山暴雨区，流域内水系发达且发育呈扇形，支流比降大，洪峰易集中出现，洪水量大。青衣江地处暴雨区，受暴雨影响较大，但因水系汇流作用较小，洪水量级远小于渠江，洪灾产生的影响低于渠江。岷江上游流经暴雨区，局部暴雨带来的洪涝灾害会对成都平原地区产生影响，但平原水网交错产生的削峰作用，使得区域内较少成灾。沱江流域受暴雨影响较大，暴雨中心的移动导致区域内易形成不同类型的洪灾，暴雨发生在上游区域则成灾概率极大，下游则因金堂峡的滞洪削峰作用而使洪涝灾害威胁较小。雅砻江、岷江、大渡河上游为少雨的山地或高原，洪涝灾害较少。

2008年汶川特大地震与2010年特大泥石流在绵竹市清平乡形成的滑坡崩塌面 摄影/范晓

地震洪灾

地震洪灾是指因地震引发的洪水灾害，其成因有二：一是地震造成堤坝或水库等工程设施的结构破坏，使水库、江河湖泊等溃决；二是地震引发滑坡、崩塌等，堵塞河道，导致水库、河湖溃决。地震洪灾是地震的次生灾害，常带来严重的破坏。根据发生时间，地震洪灾可分前后两期：前期是因地震诱发山体崩塌、滑坡等地质灾害，大量固体物质堵塞河道，以致泄洪不畅或江河断流，造成上游地区水位上涨，洪水泛滥，引发上游区域长时间的涝渍；后期则是因前期河道淤塞形成的堰塞坝或壅塞体，在长时间的水位上涨及水体冲刷下溃决，滞留水体集中泄出，造成下游区域遭受洪水冲刷。河道中的堆积物或壅塞物质越多，河道阻塞时间越长，造成的危害也越大。

四川位于龙门山断裂带，印度洋板块与亚欧板块的运动导致断裂带地震频发。四川西部山区与东部盆地边缘地震灾害频发，由地震引发的滑坡、崩塌带来的碎石泥沙堵塞江河，延期溃决，极易造成地震洪水。地震对境内江河的影响主要有两方面：一方面是地震间接地导致水库大坝、江河堤岸倒塌或震裂，或形成堰塞湖，产生隐患；另一方面是地震导致大量扬尘和地下水上升，易催生大暴雨和洪涝。

四川地震洪灾典型案例

四川地震造成江河洪涝灾害的记录可追溯至汉成帝河平三年（公元前26）。史料记载：时有地震导致山崩堵塞河道，犍为柏江、捐江（此两江指今何水，难以考实）回水淹没冲毁城墙，致13人死亡。此后，晋、唐、清都有岷江山崩壅江的记载。此外，金沙江、雅砻江、大渡河等川西高原江河，都有地震洪灾记录。清至民国时期四川最严重的两次地震洪灾，都发生在岷江干支流上。一次是清朝乾隆五十一年五月初六（1786年6月1日），康定至汉源地震，泸定县磨西面山嘴崩塌，堵塞江河9日，积水15日后漫决，大水涌至乐山，造成沿江的乐山、宜宾、泸州、重庆等地淹死者10万余人。另一次是民国二十二年（1933）8月，叠溪大地震致使岷江干流堵塞，形成堰塞湖，震后40天，溃决大水浪高数十米，大水涌至都江堰，造成巨大损失。

汶川大地震　2008年5月12日，四川省阿坝藏族羌族自治州汶川县发生8.0级特大地震，震后5级以上的余震不断发生，且持续时间较长。地震造成了从汶川县映秀镇至青川县长达500多千米的断裂带，断层导致山河改观、水利工程受损等。强烈地震及频繁发生的余震造成山体岩层破裂，引发山体崩塌、滑坡、泥石流等次生灾害，对四川水库和水利设施造成了极为严重的影响。地震引发的大坝裂缝、坝体滑坡、溢洪道损坏、坝坡塌陷等，使得四川境内1808座水库和水利设施受损，其中，存在溃坝险情的有69座，存在高危险情的有310座。崩塌、滑坡的山体堵塞河道，形成许多极具威胁的堰塞湖。岷江干流和支流多处发生山体滑坡，干流河谷沿岸茂县至漩口段约70%出现山体滑坡，支流杂谷脑河汶川至理县薛城段约30%出现山体滑坡。地震形成堰塞湖10座，共造成34处堰塞湖危险地带。最大的堰塞湖是位于涪江支流湔河上游河道、距北川县城约6千米的唐家山堰塞湖。该堰塞湖因唐家山受地震影响，部分山体滑入湔河阻塞河道而形成，其堰塞体顺河长达803米，横河宽612米，高约百米。震后堰塞湖的水位以每天3米的速度上升，每天入库水量达720万立方米，随时都可能倾泻而下，严重威胁着下游的工业城市绵阳和遂宁。

汶川大地震发生时，四川正处于雨季汛期，地震和降雨的双重影响导致四川洪涝灾害尤为严重，滑坡、泥石流等次生灾害频发。四川汛期地震重灾区损失严重，广元、绵阳、德阳、成都、阿坝直接经济损失高达31.17亿元，重灾区经济损失占全省洪灾损失的57%，其中9月24日的暴雨引发较大范围的滑坡和泥石流，造成绵阳市北川县与江油市32人死亡、33人失踪。

叠溪大地震　1933年8月25日，岷江上游茂县叠溪镇发生7.5级强烈地震，震源深度为6.1千米，以叠溪为中心的60多个集镇、村寨全部覆灭。叠溪大地震引发岷江沿岸山体崩塌，形成了十余个堰塞湖，其中岷江主河道银瓶崖、大桥、叠溪三处崩塌形成大型堰塞坝，坝体将岷江主流截断，形成了大海子、小海子和叠溪海子三个大规模的堰塞湖。震后一个多月，岷江上游阴雨连绵，江水猛涨，各处海子水位与日俱增。震后45天，强烈的余震触发堰塞坝溃决，洪水汹涌而下，形成了严重的次生洪水灾害，洪水沿岷江倾泻而下，洪峰抵达都江堰段时仍有13米多高，茂县、汶川沿江、都江堰内外江地区均遭洪水严重冲击。据统计，叠溪城及附近21个羌寨全部覆灭，死亡人数2500余人。

叠溪地震次生洪水灾害自茂县叠溪起，沿岷江干流进入成都平原，经过都江堰工程渠首以上的“峡谷段”和渠首至新津的“平原段”。在地形因素的影响下，洪水在流经岷江峡谷地形时呈现出洪峰水位高、流速快、破坏力强的特征，然而因地形限制，该河段流域人口较少，干流呈狭长条带分布，淹没面积有限，沿岸损失相对较少；洪水进入成都平原后，地势开阔、支流密集，洪峰水位迅速降低、流速减弱，但因地势平坦，洪水淹没面积较大，且淹没区域人口密集、经济发达，洪灾造成的人员伤亡和财产损失远高于上游的峡谷区域。叠溪地震次生洪水灾害对以都江堰灌区为主体的成都平原岷江水系所造成的影响，主要分为外江和内江两大流域，外江流域灾情显著重于内江流域。外江水系的5大支流中，以金马河沿线灾情最为严重，江安河、羊马河、黑石河和沙沟河灾情相对次之；内江水系的3大支流中，以走马河灾情较为严重，柏条河次之，蒲阳河最轻。

四川地震灾害的时空特征

四川是我国受地震灾害影响最为严重的区域之一。四川的地震活动具有典型的西强东弱的空间特征。震级在6级以上的强烈破坏性地震主要分布在川西高原和山区，东部盆地内的地震活动明显减弱。从2015年至2020年，四川省地震活动频繁，且境内强烈破坏性地震发生次数较多，如表1所示。

表1　四川省地震活动情况

强度等级（震级）	发生次数
3.0~3.9	365
4.0~4.9	53
5.0~5.9	13
6.0~6.9	1
7.0~7.9	1
8.0~8.9	0

资料来源：宜宾市地震监测中心：四川三级以上地震活动统计(截至2020年9月1日)，http://fzjz.yibin.gov.cn/wzgg/。

根据四川地震活动情况分析，四川地震多集中在东经104度以西区域，鲜水河地震带、安宁河—则木河地震带、金沙江地震带、松潘—较场地震带、龙门山地震带、理塘地震带、木里—盐源地震区、名山—马边—昭通地震带是四川境内地震发生较为频繁的区域。四川境内地震活动不仅多发于断裂、断陷带与地块交界处，存在区域差异，也有明显的季节特征，即地震活动高发于夏秋两季。而从昼夜分布来看，四川境内地震活动昼夜均有发生，但夜间发生概率略低于白天（见表2）。

表2　2001—2007年四川地震活动情况

震级	白天（次数/百分比）	夜间（次数/百分比）
4.0 ~ 5.9	75/56%	59/44%
5.1 ~ 6.0	9/53%	8/47%
6.1 ~ 7.0	2/50%	2/50%

资料来源：苏英、刘晓：《2001～2007年四川及周边地区地震时空分布特征》，《安徽农业科学》，2009年第35期。

滑坡、泥石流灾害

滑坡、泥石流是较为严重的灾害性地质现象，广泛分布于山区，具有突发性与频发性特征，因其携带有数量巨大的地表物质，运动速度极快，往往蕴含巨大的破坏性能量，所经之处几乎一切尽毁，破坏性极强。

滑坡是指斜坡上的大量山体物质，因受河流冲刷、地下水活动、雨水浸泡、地震等因素影响，在重力作用下，沿着其内部的滑动面，整体地或分散地突然向下滑动的自然现象。滑坡体不仅包含土体或岩体，也包含人工堆积的垃圾、尾矿等废物。

泥石流是介于流水和滑坡之间的一种地质现象，是沙石、泥土、岩屑和石块等松散固体物质和水的混合物，在重力的作用下沿着沟床或坡面向下运动的特殊流体。泥石流是一种灾害性的地表过程，具有突发性强、破坏性大的特点。山高沟深、便于水流汇集的地形，存在丰富的松散固体物质和水源是泥石流形成的三个必备条件。因此，泥石流经常发生在峡谷地区和地震多发区。

中国多山地、丘陵，滑坡和泥石流灾害造成的损失极为严重，尤其是西部地区。位于中国西部的四川，除四川盆地底部的平原区域外，境内山地、高原和丘陵遍布，且落差较大，因而频繁发生滑坡、泥石流，部分地区一年内可发生多次，受损巨大。

2008年5月12日汶川特大地震在北川陈家坝形成的巨大滑坡 摄影/范晓

滑坡、泥石流灾害的典型案例

叠溪海子 阿坝藏族羌族自治州茂县境内的著名景点——叠溪海子，是山体滑坡阻塞河道、形成堰塞湖的一个著名实例。1933年8月25日发生的叠溪大地震，震中距离川西北重镇——叠溪古镇仅12千米。地震诱发滑坡、崩塌等次生灾害，岷江沿岸大量岩土滑入河道，形成10余处滑坡坝及堰塞湖，在岷江主河道形成了银屏崖堰塞坝（大海子堰塞坝）、校场堰塞坝（小海子堰塞坝）和叠溪古镇堰塞坝三处大型堰塞坝，形成了大海子堰塞湖、小海子堰塞湖和叠溪古镇堰塞湖。位于上游银屏崖与观音崖下的大海子堰塞湖，坝高约130米，因其坠落高度较高，坝体最为稳固；中游较场至银屏崖之间的小海子堰塞湖，坝高约100米，余震及暴雨并未导致坝体溃决，只发生了漫顶冲刷；下游的叠溪古镇堰塞湖最小，但其坝体高达160米，是三座堰塞坝中最高的一座。10月9日晚，叠溪古镇堰塞坝在堵塞了45天后发生溃坝，洪水致使下游死亡2500余人，房屋损毁6000多处，农田冲毁7000余亩，造成我国地震史上罕见的次生灾害，是岷江上游历史上一次巨型洪水灾害。

1933年8月25日四川茂县叠溪大地震在岷江主河道形成的堰塞湖群，可以看到大海子（上）与小海子（下）及其之间由崩塌堆积体形成的天然堤坝 摄影/范晓

2008年5月龙门山大滑坡　汶川特大地震发生于青藏高原东缘龙门山断裂带，该区域为高山峡谷地貌。强烈地震引发大量滑坡、塌方、泥石流等严重的次生灾害，大量山体滑坡物质滑入河道，堵塞河流，形成较大堰塞湖35处。地震引发的地质灾害损失几乎与地震损失相当，在地震灾害史上极为罕见。地震的强烈震动导致龙门山大量石块从原来的岩石上剥离，山顶的巨大石块在地震中被抛了出来。大滑坡发生后，龙门山山体形状和颜色发生了巨大变化。

2008年8月汶川泥石流　2008年8月14日，在强降雨天气影响下，汶川特大地震重灾区的汶川县多个乡镇发生泥石流，10余个乡镇交通、通讯中断，其中映秀镇31人失踪。映秀镇泥石流灾害致使岷江改道，镇内部分安置房被淹。银杏乡毛家湾发生的泥石流灾害使得3万立方米混合物冲入岷江，形成壅塞体，导致堰塞湖产生，危及岷江下游安全。

2017年8月8日九寨沟7级地震在日则沟五花海至熊猫海左侧形成山体崩塌与滑坡 摄影/范晓

四川滑坡、泥石流灾害时空分布特征

在人类活动的影响下，近年来滑坡、泥石流灾害发生频率显著增加。四川境内的滑坡、泥石流灾害的发生多与降水相关，因而主要集中在夏季爆发，与区域内的降雨季节分布吻合。

四川东部地区为滑坡高发区域，其中高频区为巴山地区，巴中、达州发生频率较高，年均发生频次在4次以上。泥石流灾害多出现在四川西部，川西北的阿坝地区为泥石流高发区域。泥石流灾害受区域地形、植被等环境因素的影响较大，据此可将四川境内的泥石流灾害区划分为川西高原河谷区、西南山地易发区、西南山地次易发区、盆周山地易发区、盆周山地次易发区和盆中区。四川易形成泥石流的区域多为一年一熟旱作地、落叶灌木林地、针叶和落叶阔叶疏林地以及城乡建设用地等。

四川江河人为灾害

江河人为灾害是指由人类生产发展、生活保障、技术应用、管理不当、决策失误等多方面因素引发的江河灾害。广义上的江河人为灾害也包括冲突、纠纷、战争等引发的江河灾害。从逻辑上说，江河人为灾害是可以避免的灾害类型，但在人类社会发展过程中江河人为灾害仍频繁发生。随着工业的发展和社会的进步，人类生产生活活动对江河的影响日益加剧，大量的工业废水废渣等被排入江河，由此引发的江河水体污染问题已成为世界性头号环境治理难题。日趋加剧的水体污染已严重威胁人类的生存安全，成为人类健康、社会可持续发展的重要阻碍。

四川江河人为灾害中最为显著的是环境污染问题。过去，区域为追求经济的快速发展，忽略了对生态环境的保护，生产废水的大量违规排放，对江河水体造成了难以恢复的污染。部分企业环境保护意识薄弱、地区环境保护部门监察力度不够，也是造成江河污染的重要原因。此外，区域的自然因素也会造成江河环境和水体污染。地表水蒸发量的增大、入境水量和降水的减少等多方面原因，导致四川境内水资源锐减，地表水纳污容量减少。四川境内水资源在空间上的分布状况与区域人口、工农业分布的不一致，致使区域性水资源严重短缺，造成部分江河地表水污染较为严重。区域性的生态环境问题和水土流失问题，也是造成江河环境问题的重要原因。

因人类活动形成的水体污染源主要包括三类：工业污染源、农业污染源和城市生活污染源。工业废水是江河水体的重要污染源。其量大、面广、成分复杂、毒性大，难处理。农业污染源主要是牲畜粪便、农药、化肥等。大量的有机质、农药、化肥随表土流入江河水体，导致水体富营养化。城市生活污染源主要是生活中各类洗涤剂、污水、垃圾、粪便等，其中含有大量的氮、磷、硫和致病细菌等。我国每年约1/3的工业废水和90%以上的生活污水未经处理就排入江河水域，使大量江河和城市水域遭到污染。

四川江河人为灾害的典型案例

2004年沱江污染事件　沱江干流总长达638千米，经成都、资阳、内江、泸州后注入长江，流域面积约3.29万平方千米，是内江80万人的取水河。2004年2月20日至3月初，沱江陆续发现零星死鱼，紧接着，沱江下游两岸出现大规模死鱼现象。环境监测结果表明，沱江氨氮含量严重超标。至3月28日，沱江严重污染事故导致50万千克鱼类被毒死，造成直接经济损失2亿多元，简阳、资中、内江近百万人断水，沱江生态遭到严重破坏。

经多部门协力调查，沱江污染事件是由于川化集团有限责任公司违规排污造成的。当时，川化集团有限责任公司在设备故障情况下仍违规生产，至3月2日强制切断污染源时，企业已持续严重超标排污近20天，直接外排超标数十倍的氨氮工业废水2000吨，企业环保意识薄弱，对事故不仅长时间隐瞒不报，且在事故发生后，采用造假方式瞒报超标排放，导致大量高浓度氨氮工业废水经由毗河汇入沱江，造成了沱江干流2004年2—4月发生特大水污染事故。

2004年5月初，在社会各方努力抢救治理沱江重大环境污染问题时，沱江遭遇二次污染：资中境内的沱江文江段水体呈黑褐色，并散发刺鼻臭味，造成12万千克的鱼被毒死，直接经济损失达90万元，居民再次断水。沱江二次污染源是位于四川省仁寿县的东方红纸业有限公司。东方红纸业有限公司在治污设备试运行过程中，暗自停运设备、偷排工业废水。从4月16日至30日，该公司将约6000吨造纸废水未经处理排入沱江支流球溪河。4月23日至5月2日，四川境内大规模降雨致使污染物汇入沱江，造成沱江严重污染。

2011年绵阳水污染事件　2011年7月21日，涪江上游突发强降雨，导致松潘县小河乡境内多处地震多发带发生泥石流灾害，造成松潘县境内一电解锰厂渣场挡坝部分损毁，矿渣流入涪江。由于涪江前期水量丰富，人们未能检测到水质异常。在涪江水量减少后，江油、绵阳境内河段突发异常状况——水质暗淡。经排查，确定为电解锰厂尾矿渣流入涪江，造成涪江江油、绵阳段水质部分指标超标，导致200多千米河段水质异常，对流域内群众健康造成一定威胁。

2017年嘉陵江水污染案　2017年5月5日18时，四川省广元市环境保护局监测发现嘉陵江由陕入川断面水质异常，西湾水厂水源地水质异常，水中铊元素含量超出国家标准4.6倍。嘉陵江水污染源为川陕界上游输入型污染，广元、汉中两地通过对嘉陵江沿线干流、支流河道展开排查，锁定污染源为陕西省汉中市宁强县燕子砭镇汉中锌业铜矿有限责任公司。嘉陵江水污染给取水地居民用水安全造成了严重威胁，也给广元城区部分区域居民用水带来了一定影响。

四川江河人为灾害的特征

江河人为灾害的产生与江河水量、人类生产生活活动息息相关。江河水量受区域降水情况的影响较为显著，在季节上存在较大差异，因而江河污染情况也具有较为显著的季节性差异。沱江、岷江、金沙江在枯水季节污染突出，长江干流四川段、嘉陵江在丰水季节污染突出。

由于长江流域工业化、城市化进程不断加快，人类活动在该流域越来越频繁，许多大型工厂也随之迁入。而在经济飞速发展的同时，这些工厂也给周围河流的生态环境带来巨大的破坏，其中重金属污染是主要问题之一。四川省地表水各大水系以有机污染为主，其污染面较广，分担率较高。受到有机物污染的河流往往同时接纳大量悬浮物，它们中的相当一部分是有机物，排入水体后先是沉淀至河底形成沉积物，成为潜在污染源。有毒有害物质泄漏导致的水体环境污染也是江河人为灾害的一个重要方面，其带来的影响主要以泄漏点为起点，导致下游局部河段污染。

人类活动带来的生活污染与人类活动范围存在紧密联系，因生活污染带来的江河问题具有显著的地域特征。经济发达、人口密度较大的地区，相比其他地区污染突出。城市因经济发达、人口密度较高，人类活动较为密集，所产生的生活污水、废弃物等均比乡镇地区多，因而城市江段因生活污染所造成的江河污染问题远比乡镇江段严重。

九顶山与汶川县城及岷江 摄影/魏伟

四川江河的历史、现状和人水关系

以古为镜，可以知兴替；以人为镜，可以明得失。

——《贞观政要》

约5000年前，岷江流域形成的天然迁徙走廊上，一群古蜀先民从高山峡谷中的台地逐级而下，开创了中国西南的农耕文明。约2300年前，成都平原犹如世外桃源般的自然环境，诞生了至今仍造福人类的都江堰水利工程。

逐水而居、因水发展，是自然环境给了人类在这块土地上生存、繁衍、发展的丰厚资源；珍水爱水、道法自然，是人类用几千年形成的治水文化。这证实了一个朴素的真理：人与自然只有和谐共存才能相生相长。河流文明史，就是人在对自然环境的认识上积累形成的至高智慧与宝贵经验。

前人劳作逾二千年，后人当存敬意；

后人站在前人肩头，理应做得更好。

都江堰水利工程 摄影/孙吉

山水之间：四川地理环境、古蜀文明与历史底层

文/孙吉

对于所有人类早期文明而言，人地关系的博弈与调适乃是影响甚至决定人类生存发展的首要因素，由此进行的探索实践分化出人类社会对自然环境的不同认知模式与行为模式，进而奠定至关重要的社会结构与文明走向（如马克思著名的“亚细亚生产方式”论断）。作为长江上游的高位文明，古蜀文明对整个亚洲大陆曾展现出一定的影响力和辐射力，而作为人类文明较早的综合性实践，古蜀文明与地理环境的互动同样具有深远的开创性与启示性。古蜀文明的萌生发展、腾挪辗转以及跌宕兴衰，无不与全球性的气候变迁息息相关，亦受区域性地质构造的显著影响，但独树一帜的山水环境，方是真正定义古蜀文明诸多特征的核心环境基底。

本文意以考古断代的新石器时代至巴蜀文化晚期为时间区间，结合考古资料与历史文献，探讨古蜀文明与地理环境特别是山水环境之间的关系，呈现长江上游的标志性地域文明在聚落建筑、生产生活、思想信仰等维度如何协调人地关系，进而揭示其中蕴涵的生态与历史底层意义。[1]

1 2020年，四川省文物考古研究院等单位对位于四川眉山市东坡区岷江支流东醴泉河南岸的坛罐山遗址进行了考古发掘，将成都平原古人类活动推进至中更新世中期，为四川盆地目前发现最早的旧石器遗存。本文撰写之时，因坛罐山遗址考古发掘报告尚未发表，所涉论点将随着最新科研成果进行后续调整。

古蜀地理：山河体系、文明肇始与全新世大暖期

从世界范围视野的历史地理结构而言，中国西南（包括今日的四川、重庆、云南和贵州等省市）显然具有不容忽视的多重意义：它不仅是亚洲最古老人类的栖息地，是现代人类迁徙扩散的主要通道之一；而更为重要的是，这片地域从石器时代开始至青铜时代，就萌生出特色鲜明且传承不息、多种多样又相互联系的人类社会实践。后世学者以年代、器物、制度等标准解析，将之细分为不同文化类型（巴、蜀、滇、夜郎等），其中被命名为“古蜀文明”的文化类型拥有最令人印象深刻的突出地位。

何处是古蜀？对于古蜀的地理范围，众多史料中并无明确记载。专门记述古代中国西南地区的地方志著作《华阳国志》卷三《蜀志》的一段文字，常常被用以描述古蜀文明鼎盛时的疆域：“杜宇称帝，号曰望帝，更名蒲卑。自以功德高诸王。乃以褒斜为前门，熊耳、灵关为后户，玉垒、峨眉为城郭，江、潜、绵、洛为池泽，以汶山为畜牧，南中为园苑。”综合此前的考古发现和古今学者研究，可以大致勾勒出这一地理范围：古蜀文明大致以今四川盆地西部和中部为腹心，向北至今汉中盆地，向南跨今川、滇、黔交界地带，向西进抵岷山以西的横断山区，向东直达今川东地区，并曾较长时期及于长江三峡干流沿岸。[1]虽然历史演变过程复杂，疆域时有扩张收缩，但其文明直接辐射的地理范围始终未变：大体以今天的四川以及陕西、云南、贵州及重庆的一部分为活动范围，尤以成都平原为其核心区域。

古蜀地域[2]地形地貌复杂，既有平原、丘陵、山地，亦有高山、峡谷、高原，大致以岷山、邛崃山和龙门山为界，形成东部和西部两个截然不同的自然地理区域：西部位于中国地形第一阶梯的青藏高原东缘，属于南北走向、山河相间的横断山区；东部则位于中国地形第二阶梯的四川盆地，自西向东依次为盆西成都平原、盆中川中丘陵和盆东平行岭谷。盆地四周则是由一系列中山与低山构成的边缘山地：北面为米仓山、大巴山，东面为巫山、七曜山，南面为大娄山和大凉山。

长江水系是古蜀地域主要的流域构成，自西向东，金沙江、雅砻江、安宁河、大渡河、岷江、沱江、涪江、嘉陵江、渠江、乌江等主要江河，分别从南北方向注入西东流向

1 段渝，邹一清：《古蜀文明：璀璨的四川古代文化》，四川人民出版社，2004年。

2 本文提出的古蜀地域概念与古巴文化地理范围多有重叠，但本文主要依据史书记载的古蜀鼎盛时期的疆域及该地域内考古断代早于或属于古蜀文明时期的文化遗址，且仅从古蜀文明发展脉络和序列角度出发论述，因此未将巴蜀两种古代文明地理的范围作清晰区别，亦未论及同时期的巴、滇等文明形态及其交互影响等情况。

的长江干流，构成向盆地中心聚集的不对称向心状水系，千余条大小江河汇集川江，最终从三峡夺路而出。

位于地球中纬度带的特殊山河地貌造成了古蜀地域的亚热带湿润季风气候，但受复杂多变的东亚季风、西南季风和高原西风急流的综合影响，气候的单一纬向性被打破，古蜀地域气候呈现出多样性与差异性明显的特点。

人类先祖在古蜀地域的繁衍生息可追溯到地质年代的更新世早期，距今约204万年的巫山人，是已知中国境内最早的史前人类之一，他们创造了旧石器时代早期的“龙骨坡文化”。随着资阳人、筠连人和铜梁县（今重庆市铜梁区）张二塘、资阳县（今资阳市）鲤鱼桥、汉源县富林、攀枝花市回龙湾等旧石器时代晚期文化遗存的不断发现，证明长江上游的四川盆地及周边地域，到距今数万年前的更新世晚期，已是古人类的重要聚集地。在长达两百多万年的更新世时期，地球正经历著名的第四纪冰川活跃期，冰期和间冰期多次交替，冰川的前进退缩、海平面的周期升降、气候的动荡变化、动植物的迁徙灭绝等因素对早期人类生存产生巨大影响。考古发现，当时人类先祖栖息生活的地点，一般位于盆周或盆地内山地丘陵接近河流的小山、山坡或河谷阶地之上。“台阶地的存在是遗址存在的前提”，我们将在后文看到这句论断显著的普遍适用性意义。

到了距今约1.1万年前，以气候持续变暖为标志，地球开始进入名为“全新世”的地质年代。随着晚更新世末次冰期结束，冰川消融，海平面上升，中低纬度地区降水增加，生物—气候带逐渐向高纬度迁移，全球逐渐进入一个温暖湿润阶段——大西洋期（距今约7500年至4500年）。在这个被称为“最适宜期”的年代，环境条件变得十分优越，人类社会一跃进入崭新历史阶段：在北非、西亚、南亚和东亚，经过井喷式的“农业革命”，诞生了几乎所有中低纬度的古老文明：尼罗河流域萌生出古埃及文明；两河流域（底格里斯—幼发拉底河流域）孕育了苏美尔文明；印度河流域滋养了古印度文明。在我国，这一时期被称为“中国全新世大暖期”或者“仰韶温暖期”[1]，出现了黄河流域仰韶文明、长江流域河姆渡文明等标志性文明形态。与此同时，中国西南的古蜀地域，生态环境同样朝着有利于人类生存繁衍的方向改变，古人类遗址数量因此大增且开始形成不同特征的文化类型：在川北，发现了距今7000—6000年的广元中子铺遗址——一般被认为是四川盆地乃至西南地区新石器时代的上限，它与绵阳边堆山、巴中月亮岩、通江擂鼓寨构成了川北山丘区古文化群；在川东，忠县哨棚咀、巫山县魏家梁子、奉节老关庙等构成了川东峡江区古

1 施雅风、孔昭宸、王苏民等：《中国全新世大暖期的气候波动与重要事件》，《中国科学（B辑）：化学、生命科学、地学》，1992年第12期。

文化群体；在川西北，岷江上游地区出土发现了数十处新石器时代遗存，其中最早的茂县波西遗址距今约6000年，大渡河流域则出现了中路文化遗址、哈休文化遗址；在川西南，西昌横栏山、礼州和盐源县轿顶山文化，展现出独特的发展序列[1]。

古蜀地域的新石器时代文化类型，多样开放，年代不一，既相互区别亦有一定联系，更与广阔地域的周边文化产生着强烈互动，呈现出复杂多维的交流过程。但这些史前人类群体，面对温暖多雨、山高岭连、江河纵横的复杂环境，仍然选择聚居于河谷台地，最终演变为史前农牧渔猎社会，孵化出独特的治水技术。在这漫长的过程中，他们如同该地理区域内的向心状河流水系般，存在一种由盆地边缘向内部发展汇聚的趋势，学者赵殿增认为："其中可能主要是从北面、东面和西北面向盆地中心区域发展。"[2]

这种独特的地理人文现象，极大程度上可能正是受到环境变迁的驱使。随着全新世亚北方期[3]到来，全球气候开始进入了一个相对干冷、灾变频仍的时代，冰川、洪水、地震等环境压力，促使人类开始从盆周山地向平原河谷台地迁徙，其中汇聚于四川盆地西部第四纪冲积扇平原的人群，最终成为古蜀地域主导文明的创造者。这片由江河携带冲洪积物不断扩张塑造而成的广袤平原，彼时湖沼遍地，河网纵横，闷热湿润，猛兽横行，人类先祖经历着生活环境的巨大变化，他们运用开创性的智慧和强大的适应能力，协调人与自然之间的关系，发现并理解河流规律，不断实践与发展治水理念，调整生存栖息方式，并充分利用富含砂夹卵石层的农业土质结构，发展出先进的农耕文明，最终成功演变为富水平原的居民，创造出璀璨夺目的古蜀文明。

中国的绝大部分历史学家认为，古蜀文明是长江文明的主要起源地之一。而据现有的考古发掘与史料记载，其存在的历史时间可以上溯至新石器时代而延续长达三千年，这在东亚大陆主要的古代文明中独树一帜，古蜀文明在兼容并蓄中保持相当程度的独立发展，创造辉煌，直至被来自黄河流域的中原地方政权（战国时代的秦国）所征服与同化。

1 赵殿增、李明斌：《长江上游的巴蜀文化》，湖北教育出版社，2004年。

2 赵殿增：《四川古文化序列概述》，《中华文化论坛》，2003年第2期。

3 北欧冰后期古气候分期的第四个阶段，一般认为其距今4500—2000年。亚北方期的气候比大西洋期更具有大陆性的特征，表现为冬季较冷、夏季温暖干燥，晚期比较湿润。

岷江上游：迁徙走廊、河谷台地与气候移民

在所有古蜀地域的新石器时代文化类型中，岷江上游流域被认为是与古蜀文明的诞生与发展存在关联最密切的地区。岷江上游流域位于横断山脉东缘，迄今为止，已发现超过82处新石器时代文化遗址和遗物采集点，其中包括53处可确认为新石器时代聚落遗址的文化堆积和29处新石器时代遗物采集点[1]，以距今约6000年的波西遗址、距今5500年至5000年的营盘山遗址、距今约5000年的威州姜维城遗址以及距今约4500年的沙乌都遗址为代表[2]。

岷江源桌状山和岷江冷杉林 摄影/孙吉

1 蒋成、陈剑：《岷江上游考古新发现述析》，《中华文化论坛》，2001年第3期。
2 陈剑：《波西、营盘山及沙乌都——浅析岷江上游新石器文化演变的阶段性》，《考古与文物》，2007年第5期。

营盘山考古遗址 摄影/孙吉

营盘山遗址出土的陶器 摄影/孙吉

我们首先需要讨论岷江上游新石器时代遗址的文化类型问题。经过对比分析，岷江上游新石器时代遗迹和器物的特征和文化内涵基本一致，因此可以基本断定，它们属于同一文化类型[1]。这些新石器文化不仅延续时间漫长，且具有较清晰的内在传承脉络与发展关系：早期文化属性以黄河上游甘青地区的马家窑文化类型为主要特征，受到仰韶晚期其他文化类型影响；而晚期阶段出土文物具有本土文化特征，与成都平原的宝墩文化同类器物相似。我们可以认为，岷江上游新石器时代文化是黄河上游甘青地区史前人群南下迁徙进行文化传播，并与岷江上游原住民融合的结果。[2]

在史前时代，文化的传播往往随着人类群体的迁徙而完成。而据现代环境分析表明，随着距今10000—7500年的全新世大暖期的到来，岷江上游地区变得温暖湿热，降水增多，总体来说，与东亚乃至全球环境温暖时期一致。但距今约6000年前的一次降温期及由此带来的生存压力，促使黄河流域居民南迁，这些来自中国西北甘青文化区域的人群，由此开始了长达千年的迁徙，而位于南北走向、山河相间的横断山脉最东位置的岷江上游，成为天然的迁徙走廊，这些移民与当地原住民迅速结合，开创了岷江上游最早的人类文明。这与《后汉书·西羌传》记载的历史事件遥相呼应："（羌人首领）忍季父卬畏秦之威，将其种人附落而南，出赐支河曲西数千里，与众羌绝远，不复交通。其后子孙分别，各自为种，任随所之。"

岷江上游地区新石器时代聚落遗址分布范围东至岷江与涪江的分水岭土门关，西抵大渡河与岷江分界的鹧鸪山，北起岷江源头的川主寺，南达成都平原西北边缘，遍及整个岷江上游流域。但先民对聚集地点的环境选择相当一致，这些文化遗址和遗物采集点多位于岷江干流及其支流两岸的台阶地之上，集中分布于岷江干支流河谷两岸地势较高的三级及其以上的台阶地之上——二级台阶地上有零星遗存分布，而一级台阶地则尚未发现遗址分布，海拔高度在1200至2700米之间，以岷江干流西岸及其支流，特别是干流流经的茂县至汶川段最为集中。[3]

古代人类为什么会选择高山峡谷之间的河谷台阶地作为栖息之所？我们需要从最适宜当时人类生存的环境角度分析。第一，我们不能忽视岷江上游整体的自然地理构造。岷山、龙门山、邛崃山和岷江、杂古脑等河流构成了南北向高山峡谷相间的地貌，这些高大的山脉属于横断山脉的东缘，海拔高度在3500米以上，地势陡峭、起伏剧烈，与河谷地带

1 孙吉、邓文：《岷江上游新石器时代的文化景观与环境动因》，《四川文物》，2006年第5期。
2 孙吉、邓文：《岷江上游新石器时代的文化景观与环境动因》，《四川文物》，2006年第5期。
3 孙吉、邓文：《岷江上游新石器时代的文化景观与环境动因》，《四川文物》，2006年第5期。

的相对高差常常达到2000米以上，其间缺乏宽阔平整的土地，不利于原始人类大规模集聚。第二，岷山、龙门山构造带自中更新世以来的不断隆升造成了岷江河谷的下切和台阶地的形成，岷江上游流域有限的平地集中分布在河谷台阶地和洪积扇区域，只有这些台阶地能保证一定规模聚居的面积。第三，岷江上游由于河道狭窄，河谷地带土质疏松，湍急的水流造成了较快的下切速率，通过对拔河高度与台阶地年龄进行粗略估算，可知遗址所在的三级及其以上台阶地在当时的拔河高度远比现在低，其背山临水的地势也有利于整体的防御。第四，聚落所在的河谷台阶地的地理位置和大小往往显示了该部落的实力和地位，迄今为止这片区域发现的大型聚落遗址无不交通便利、环境优越、具有一定规模，是一定区域的中心，在它的周围往往环绕着一批较小的聚落，如位于岷江上游地理中心岷江东南岸三级台地上的营盘山遗址就是典型例子。[1]

岷江上游的新石器时代先民选择峡谷地带的河谷台阶地，确是经过时间与实践考验的，也由此开始了充分适应与利用环境的文明创造。在远较今日高温多雨的年代，适宜的气候孕育出丰富的山地森林资源，为采集、狩猎等活动提供了便利，但丰富的降水也极易造成江河洪灾，台阶地靠近水源，除了有利于狩猎、采集等活动外，也更方便渔猎的开展，同时又距离河道有一定距离，可有效避开洪水侵袭的隐患。此外，河谷台阶地虽然面积狭小，但地势较为平坦，由砾石层、黏土层、土状黄土和灰岩细粒沙等物质组成的土壤，更是适宜农耕的土地，同时临近山地的丰富自然资源为人类制作工具创造了有利条件。营盘山遗址出土了炭化的黍、粟作物颗粒以及石刀等农耕工具，表明种植黍、粟为主的旱作业农业存在，考古学界通常将此视为源自甘青地区农业技术的传承[2]，但同时在温暖湿润的大气候背景下，这种旱作农业与岷江上游临近水源、黄土堆积的河谷台阶地达到了完美契合，疏松的土质、便于排水的地形为粟或黍的生产提供了重要条件。除了农业技术的传承与发展，生活在河谷地带的先民们逐渐发展了早期的排水治水技术。后世学者常常将这一时期的人类社会与史书中记载的居于岷江上游、从事高地农业的古蜀文明初代蜀王——蚕丛氏相对应。[3]

但岷江上游欣欣向荣的新石器时代文明仍无从回避自然环境突变的严峻挑战。尽管整个全新世环境总体变得相对温暖，但并不稳定，气候时常发生波动。特别是当进入全新世

1 孙吉、邓文：《岷江上游新石器时代的文化景观与环境动因》，《四川文物》，2006年第5期。
2 赵志军、陈剑：《四川茂县营盘山遗址浮选结果及分析》，《南方文物》，2011年第3期。
3 徐学书：《试论岷江上游"石棺葬"的源流》，《四川文物》，1987年第2期。同时参见《蜀王本纪》《华阳国志》等史籍。

亚北方期后，全球进入一个灾变气候阶段，气温下降、降水减少，气候逐渐向干冷转变，使该阶段呈现出持续性干旱伴随突发性洪水的特点。岷江上游河谷亦不例外，研究发现，在公元前3000年至公元前2000年间，岷江上游附近的贡嘎山、四姑娘山的冰川活动加剧，形成了“小冰河期”[1]。在气候转向寒冷以及随之而来的冰川前进和持续性干旱环境下，岷江上游地区的旱作农业及以此为基础的人类文化开始走向衰亡，如以营盘山为中心的遗址群文化逐渐退出历史舞台，岷江上游的先民们，又一次开始了浩荡的“气候大移民”。[2]

在这一次由气候突变与洪水驱动的世界性移民运动中，中亚腹地的雅利安人向西、向南、向东迁徙，引发影响深远的民族融合；东亚黄河流域的炎黄部落向东迁徙，构建华夏文明的祖先族谱；而岷江上游的先民们，选择继续往南迁徙，翻越龙门山脉，由山地河谷进入到一个全新的自然环境之中——位于四川盆地西部的成都平原，正式开启了璀璨夺目的古蜀文明时代。[3]

成都平原 摄影/孙吉

1 刘兴诗：《古蜀文明探秘》，四川辞书出版社，2011年。

2 刘兴诗：《原始时期气候大移民刍议》，《成都理工大学学报（社会科学版）》，2014年第2期。

3 黄明、马春梅、朱诚等：《成都平原中—晚全新世环境考古研究进展》，《古地理学报》，2019年第6期。需要注意的是，古蜀时代拥有一个持续且多元的移民过程，本文仅截取从考古发现推论可能存在最密切源流关系的来自民族走廊东端岷江上游的移民群体进行论述。

岷沱平原：环境考古、河畔之城与依水生存

大约在一亿多年前，当四川盆地隆起上升之际，今日的成都平原区域却下陷成一个凹陷的、深度从数百米至上千米不等的内陆湖。在以后的漫长岁月里，这个内陆大湖经历了地壳运动的持续下沉和河流挟带的泥沙长期堆积发育、沉积于湖底，逐渐发育形成一个由西北向东南略微倾斜的典型复合冲积扇平原。成都平原是夹峙于龙门山及龙泉山之间、地层走向呈NE40°～45°展布的山间断陷盆地，西北起自都江堰市（灌县）附近的神仙桥，东至金堂县附近的龙泉山，南至新津区的熊坡山，东西宽60～70千米，南北长170千米，总面积达9500平方千米。由于其主要由发源于川西北高原的岷江、沱江及其支流的冲积扇区域连缀组合而成，本文拟从自然地理角度，将其称为岷沱平原。

岷沱平原是中国西南地区最大的平原，海拔400～750米，属暖湿亚热带太平洋东南季风气候区，在地貌上分为平原主体和平原周边台地两个部分。平原主体主要由冰水堆积扇状平原、冲洪积扇、河流一级阶地及河漫滩等地貌单元组成，周边台地主要是由中、下更新统冰碛物和冰水堆积组成的冰碛—冰水台地。平原内第四系堆积物西厚东薄，坡度西陡东缓，且河流纵横交错，自冲洪积扇顶至扇体中部的坡降为25‰～35‰，新津、金堂地区坡度最小，仅3‰左右，这种地理环境使得平原内水系格局呈明显的纺锤形。[1]

岷沱平原为先民繁衍生息提供了优越的自然环境。进入全新世大暖期后，暖湿的气候、广阔的土地、丰沛的水源等使其具备了人类赖以生存的土壤。到了全新世中期，随着北半球太阳辐射强度总体减弱，亚洲季风强度整体趋于变小，成都平原的地表环境由河流、湖沼遍布的单一湿地景观演变成了草地、林地与湿地相间分布的多样化景观，环境变得相对更适宜人类生存。

来自岷江上游的先民们离开河谷地带狭小的谷地，沿着岷江古河道出口，翻越崇山峻岭到达龙门山脉盆地边缘后，最终进入江河冲积形成的岷沱平原境内，古蜀文明在此发生、发展并走向辉煌。有史以来对古蜀文明的记载和描述大都充满诗意和玄想，著名诗人李白的浪漫文笔堪称代表："蚕丛及鱼凫，开国何茫然。尔来四万八千岁，不与秦塞通人烟。"然而缺少实物为证。20世纪以来，随着岷沱平原地区一系列史前遗址的发掘和出土,人们亦结合考古发现与历史文献开始了多方考证，古蜀文明的脉络才逐渐清晰。依据现

1 姜世碧：《成都平原的环境对蜀文化聚落建筑与经济的影响》，《四川文物》，2003年第2期。

有考古材料和历史学界比较一致的看法，古蜀文明的考古文化序列大体如下：什邡桂圆桥文化（距今约5100—4600年)—宝墩文化（距今约4500—3700年）—三星堆文化（距今约4800—2800年）—十二桥文化(距今约3200—2400年)—晚期巴蜀文化（距今约2600—2300年），前后延续长达三千年。

桂圆桥文化 处于古蜀文化从川西高原走向成都平原的重要节点，与三星堆一期文化（宝墩文化）中段既有差异亦有极为相似之处，是成都平原已发现的最早的新石器时代文化遗址，对研究三星堆文化、金沙文化的起源有着重大意义。

宝墩文化 由已发现的新津宝墩古城、都江堰芒城、郫县古城、温江鱼凫古城、崇州双河古城、紫竹古城和大邑盐店古城、高山古城等8座古城遗址组成，因新津宝墩遗址面积最大，文化内涵最丰富、最具代表性，因此考古学界将这一古城址群命名为“宝墩文化”。宝墩文化是成都平原新石器时代遗址发现最多，文化认识也较为清晰的阶段，与三星堆遗址的第一期属于同期文化。

三星堆文化 以独具特色的上古信仰、神奇优美的造型艺术、有机融合的多元文化为典型特征，是长江上游的古代文明中心，学者倾向于将三星堆文化分为四个时期，跨越了新石器时代至青铜文明时代。伴随着三星堆文化的兴起，宝墩文化城址群迅速衰落。

十二桥文化 以成都金沙遗址和十二桥遗址为典型代表。学术界虽然对十二桥文化的分期和年代有不同意见，但基本达成的共识是：成都平原的十二桥文化是由三星堆文化发展而来，但范围大大超过三星堆，是广泛分布于四川盆地的重要古文化。

晚期巴蜀文化 主要以成都商业街船棺、独木棺墓葬为代表，大致时限为公元前600年至公元前316年秦灭巴蜀，是古蜀文明发展中的最后一个高峰期。

亦有不少学者对上述考古文化遗存与古代史书中记载的“五代蜀王”（蚕丛氏、柏灌氏、鱼凫氏、杜宇氏、开明氏）进行了时间序列排对：岷江上游营盘山文化阶段是蚕丛氏时代，宝墩文化阶段则可能与柏灌氏相关,三星堆文化的繁荣阶段属于鱼凫氏时期，三星堆第四期文化和十二桥文化早期阶段则可能是杜宇氏时期，而十二桥文化中晚期阶段到晚期巴蜀文化则归于开明氏时期。

可以看出，古蜀文明并非某种单一文化类型的线性连续，而是存在相互承继关系的不同文化类型的不同阶段形态在一个地域时空的集合。在历史学家眼中，古蜀文明的创造者并非单一族群，而是包括了南下的氐羌、北上的僰僚、西进的荆楚以及岷沱平原的原住民，他们在岷沱平原渔猎、务农、治水、征战……期间有替代亦有融合；而在考古学家眼中，古蜀文明亦非自我封闭的产物，古蜀先民不仅创造出独树一帜的本土文化，还吸收了黄河中上游文明、长江中下游文明、青藏高原文明、南亚大陆文明甚至西亚北非文明的成果，在地生根加上八面来风，最终确定了长江上游的文明起源与中心的地位。

如前所述，在人类早期文明阶段，自然环境对人类活动存在近乎决定性的影响作用。岷沱平原的河流、地貌、气候、生物等自然因素与人类文明的发展与变迁存在密切关系，因此我们在接下来探讨古蜀文明与自然环境的关系时，首先需要“重建”岷沱平原的史前古环境。此外，由于古蜀文明是人类先民在岷沱平原的整体地理环境中创造出的相对连续的文明，因此将古蜀文明作为一个时空整体进行论述，不再做单独的考古年代和文化序列区别。

金沙遗址出土的金面具 摄影/孙吉

环境考古：重建岷沱平原史前环境

古环境重建是环境考古的基本内容之一，是研究过去人类活动与自然环境之间互动关系的前提。自20世纪90年代以来，以金沙遗址的发现和宝墩遗址的再发掘为基础，地貌学、沉积学、地球化学、孢粉分析、动植物考古等古环境分析方法逐渐被运用到古蜀文明研究之中。特别是除了曾广泛运用的碳14测年，孢粉分析法、同位素分析法、粒度分析法、地磁学方法也被越来越广泛地使用在环境考古的研究中。这些跨学科的现代技术手段的使用，逐渐为人们勾勒出岷沱平原全新世时期的环境图景。

研究表明，岷沱平原自全新世以来整体属于温暖湿润的亚热带季风气候区，岷江、湔江、石亭江、绵远河等大小河流纵横肆意，频繁改道，平原之上湖泊沼泽密布，形成一派水乡泽国景观。中国地质科学院、成都理工大学、北京大学考古系等单位的学者，曾经对平原内古遗址及古河道发掘出的乌木进行测试，由此窥探出彼时繁茂的植物群落：经古生物学家鉴定，乌木的树种主要为樟木、柏木、金丝楠、桢楠、红椿、麻柳、马桑、青杠等，这些树种组合特征显示当时的岷沱平原分布着高大广袤的原始乔木森林；而指挥街遗址的植物标本孢粉鉴定结果显示，当时的平原植物种类包括毛蕨、瘤足蕨、鳞始蕨等蕨类植物，冷杉、落叶松、栲、山毛榉、珙桐等木本植物，以及五味子等草本植物，这些植被组合反映出以阔叶树为主的亚热带常绿阔叶林和以菊科、水龙骨科为主的茂盛草本植物，以及以热带和亚热带蕨类植物为主的林下地被层曾旺盛地生长于岷沱平原，进一步证明了当时平原较今日更加潮湿炎热。[1]古蜀文明遗址中出土的大量动物骨骼，也能直观反映当时的自然生境。三星堆、金沙和方池街等遗址中出土了大量的灵猫、野猪、犀牛、小麂、赤鹿、水鹿、梅花鹿、乌龟、黄缘闭壳龟及中国鳖等热带和亚热带平原湖沼及浅丘地带的动物群种类骨骼（尤以犀牛骨骼为多）；此外三星堆遗址出土象牙70余根，金沙遗址则发现了多达上千根亚洲象象牙。这无不证明当时的岷沱平原是较今日更为温暖的亚热带森林—湿地的自然气候环境，亦佐证了《山海经·中山经》中的记载似乎并非虚妄："……又东北三百里，曰岷山。江水出焉，东北流注于海，其中多良龟，多鼍……其木多海棠，其兽多犀、象，多夔牛"。

古蜀先民栖居在岷沱平原，正是依赖丰富的水系、肥沃的土壤与多样的生物，开启了文明创造。尽管大量研究结果表明，岷沱平原气候并非始终如此温暖宜人，其中有多次气候波动和降温事件发生，但古气候环境的改变在带来生存危机的同时，也激发出文明变迁的动力：古蜀文明的主要历史时期（宝墩文化、三星堆主体文化期及金沙文化期）恰逢全

[1] 徐鹏章：《从近年考古材料看古蜀史》，《成都大学学报》，1988年第1期。

新世亚北方期，气候波动为平原带来了古蜀文明创造者——来自盆周山地的移民，亦让岷沱平原从湿热变得相对干凉，不经意间似乎更加有利于人类繁衍生息。与此同时，河流、地貌、生物、气候等环境因素，洪水、地震等自然灾害，对古蜀文明的存续发展产生直接而显著的影响。

金沙遗址出土的木耜 摄影/孙吉

河畔之城：迁徙的聚落

古蜀文明的创造者们面临的首要问题是选择栖居落脚之所。在进入岷沱平原之前，山地河谷台阶地是他们理想的聚居地，那么来到河流摆荡、湖沼密布的森林—湿地平原之后，他们采取了怎样的栖居策略来适应新的环境呢?

岷沱平原是典型的由流水塑造的地形地貌，河流密集成网，主要呈辐射状分布，自冲洪积扇顶向四周辐散众多分支，改道频繁，加之地势低平，洪水时有发生。河流地貌演化深刻地影响着该区域的土地资源及水土状况，而这些自然条件又与人类栖息、聚落选址以及生业模式息息相关。

俯瞰岷沱平原，在河流、湖泊与沼泽之中，一座座鱼脊形的高地绵延突出，这些水网之间的垄岗型台地，远离岷江、沱江干流，既得用水之利，又能最大程度避免水患，在广袤平坦、野兽出没的平原，还有助于抗御外敌、防范兽群侵害。于是与山地祖先们的生存智慧一脉相承，古蜀先民选择河流台地作为富水平原环境的栖息之地，并以此建立古蜀文明生存发展的根基。

综合近年来的考古发现可看出，古蜀文明的所有代表性遗迹均是与水相伴的“河畔之城”。岷沱平原地势西北高、东南低，平原内河流主要存在两种流向：一是河流上游近山地带多为南北向，二是下游或腹心地带的河流多为西北—东南向，其形成的台地也大多为南北向和西北—东南向。[1]古蜀先民在河流台地上筑城，城址方向多与河流平行，可利用地势比降完成排水，这既是河网纵横之地的明智选择，亦与整个地域的水网走势相适应。宝墩文化的八大古城均建在近河台地，城墙的长边往往与河流以及台地的走向一致。三星堆遗址古城以鸭子河、马牧河两岸台地为中心，走向与河流流向相同：鸭子河紧靠遗址北缘，从西南向东流过；宽广的马牧河古河道在遗址西面由西北向东流去。金沙遗址内地势平坦，河流较多，磨底河由西向东横穿金沙遗址，将其分为南北两部分。经考古发掘证实，在遗址内至少有4条由西北流向东南的古河道，金沙古城就建在4条河流之间的台地之上。同属十二桥文化的其他遗址也呈现出沿古郫江西岸分布的特点。[2]

但正如古蜀文明并非一蹴而就，古蜀先民在进入岷沱平原之后，面对改道频繁的河流和喜怒无常的洪水，也经历了从山前地带向平原腹心的迁徙过程，这个过程，亦是对于城址选择、面积扩增、空间布局以及治水防洪的经验持续累积的过程。有研究者根据历年来公开发表的考古调查和发掘报告，对岷沱平原151处古蜀时期遗址点分布情况进行了统计，并利用ArcGIS软件展现上述遗址点时空分布情况。结果表明，不同阶段遗址的空间分布有

[1] 姜世碧：《成都平原的环境对蜀文化聚落建筑与经济的影响》，《四川文物》，2003年第2期。
[2] 黄晓枫、魏敏：《成都平原先秦时期的水工遗产与古蜀文明进程》，《中华文化论坛》，2014年第2期。

一些规律性的特点：以8座古城址为代表的宝墩文化一、二期(距今约4500—3700年)遗址多分布在平原西南部山前地带，宝墩文化三、四期(距今约4000—3700年)遗址多分布在平原腹地；三星堆文化时期的聚落大多分布在沱江流域，岷江流域基本没有发现三星堆文化聚落；到了十二桥文化时期，岷江流域平原腹地又开始出现以金沙遗址为代表的大量聚落；晚期巴蜀文化（春秋战国时期）遗址出土较少，且多以墓葬为主。[1]

以宝墩文化为例进行分析。宝墩文化一、二期的大型聚落全部位于成都平原岷江右岸。直至宝墩文化兴盛期，古蜀先民在岷江左岸的岷沱平原腹心地带的足迹才多了起来。这种文化分布与迁徙现象可能主要基于河流水网环境和人类利用自然的能力：当时岷江左岸属洪泛区，旱涝无常，不适宜居住，而岷江右岸，从北向南分布着西河、斜江河、南河、蒲江河等河流，河网密布，适宜人类居住——岷江右岸发现的宝墩文化时期的6座古城主要分布在西河、斜江河和南河这三条河流的流域[2]，直至温江鱼凫的古城出现方才打破这一格局。

古人对岷沱平原水网环境的适应，还体现在不断改进的聚落营造方面。在从山区向平原腹心地带移动过程之中，古蜀早期城址由单重城墙或夹着一条壕沟、间距较窄的双重城墙逐渐演变为间距较大的双重城墙，城市空间布局也变得较为明晰[3]，且在继续保护巩固城邑的基础上逐渐改以疏导为消除水患的主要新措施。宝墩文化城址平面略呈矩形，横剖面呈梯形，所有的古城墙内外两侧都是斜坡。从夯土斜面测量，斜度为30度至40度，外侧斜坡较内侧缓和，这种城墙难以起到军事防御的作用，主要功能显然为防洪。[4]三星堆古城以大城郭包含若干小城郭的总体规划形式，同时巧妙利用河流的交通、防御功能，构成了防御、防洪和交通体系，其布局规划迥异于黄河流域的同期古城。

尽管古蜀先民在选择与营造聚落空间过程中，有意躲避水患且持续发展防洪技术，但气候变化导致的洪水频发与古河改道仍然决定着“水岸城邦”的兴衰。考古资料显示，洪水曾冲毁了崇州双河古城的西城垣，而新津宝墩古城、广汉三星堆古城和成都金沙古城都留存着洪水的痕迹，就连《华阳国志·蜀志》记载第四代古蜀文明杜宇王“田于湔山、移治郫邑，或治瞿上”的行为，可能亦是出于躲避洪水（郫邑或为今郫都区杜鹃城遗址，海拔550米、瞿上或为今双流县牧马山，海拔600米）。

1 黄明、马春梅、朱诚等：《成都平原中—晚全新世环境考古研究进展》，《古地理学报》，2019年第6期。
2 谢祥林：《论水与成都平原先秦文明的关系 》，《四川水利》，2019年第4期。
3 杨茜：《古蜀文明主要城址迁移与气候变迁的相关性研究》，《四川建筑》，2015年第3期。
4 阮荣春、罗二虎：《古代巴蜀文化探秘》，辽宁美术出版社，2009年。

依水生存：生业、建筑与器物

古蜀文明建基于雨量充沛、温暖潮湿的岷沱平原，在寻找适宜的生存空间的同时，古蜀先民还需进行生活方式的构建。我们从与饮食、居住和工具三大生存要素最相关的生业、建筑和器物来简要分析古蜀先民依水生存的模式。

首先是古蜀先民如何确立长久持续的生业方式。

大约成书于战国至汉初时期的《山海经·海内经》篇，有一段优美的文字记载："西南黑水之间，有都广之野，后稷葬焉。其城方三百里，盖天地之中，素女所出也。爰有膏菽、膏稻、膏黍、膏稷，百谷自生，冬夏播琴。鸾鸟自歌，凤鸟自舞，灵寿实华，草木所聚。爰有百兽，相聚爰初。"这幅物产丰饶、动植物繁茂的地域图景被诸多学者认为是赞美上古之时，即古蜀文明时期岷沱平原的社会生产风貌，而随着考古发掘的成果的不断涌现，文学性记载揭示出诸多真实性线索。

对于岷江上游源自黄河流域甘青文明，习惯了以种植粟、黍为主的旱地农业模式的居民而言，一旦进入水体密布、砾石砂土繁多的岷沱平原，肯定需要在因循传统的同时，探索耕作农业的转型与发展。与此同时，历史气候变迁对古蜀农业有着显著影响[1]。所幸的是，古蜀文明拥有开放包容、灵活创新的优秀基因。研究表明，早在宝墩文化初期，长江中游的水稻种植技术已经传入岷沱平原。1998年到1999年，都江堰芒城遗址中发现了水稻硅酸体；2009年，宝墩文化遗址一共提取到1430粒炭化植物种子，其中水稻已占45%[2]，这一比例随着古蜀文明的发展变迁持续扩大。金沙文化遗址金牛区5号C点出土的炭化植物种子，其中水稻和粟合计259粒，水稻201粒，已占据绝对优势[3]。由此可见，古蜀文明后期，稻作农业逐渐成为主流，但黍、稷等旱地作物依然占据了一定比例，稻作为主、水旱并行的农业生产方式，构成古蜀文明的主要物质基础。

古蜀文明时期的岷沱平原，水网密集、林木繁茂、野生生物众多，依水生存的古蜀先民们肯定不会忽视身边大量的食物资源。从古蜀文明各阶段遗址中出土的动物骨骼以及发现的网坠、骨镞等工具表明，采集、狩猎与捕鱼经济同样是古蜀先民生业的重要组成部分，三星堆文化遗址和十二桥文化遗址出土的大量鱼凫形象，更体现出古蜀文明中环境、

1 谢元鲁：《气候变迁对古蜀时期农业的影响》，《中华文化论坛》，2009年第2期。

2 成都文物考古研究所：《成都考古发现（2009）：新津宝墩遗址2009年度考古试掘浮选结果分析简报》，科学出版社，2011年。

3 姜铭、赵德云、黄伟等：《四川成都城乡一体化工程金牛区5号C地点考古出土植物遗存分析报告》，《南方文物》，2011年第3期。

生业与意识形态的结合，古蜀文明或许亦可被称为“狩猎—渔捞—农耕型文明”。[1]

人类在解决生业问题之后，需要修建相对舒适的生活起居之所。岷江上游的营盘山遗址已发现木骨泥墙[2]或细泥拍筑而成的地面房屋建筑形式，这表明古蜀先民到了林竹密布、湖沼众多、潮湿多雨的地域后，用最易获取的自然建筑材料，因地制宜地营造房屋建筑。现有的考古发现，古蜀文明的建筑遗迹皆为地面建筑，主要分为两种形式：墙基槽式（竹）木构建筑和干栏式木构建筑。

墙基槽式（竹）木构建筑　建造该类建筑需先挖基槽以立木柱或竹竿。岷沱平原多水潮湿、土质松软，为了解决防潮并加固基础，古蜀先民在墙基槽内的垫土中有意掺入一些如红烧土块、砾石及黄色沙泥土等材料，再植入木柱或竹竿，最后在木（竹）构墙体里外两面塞草抹泥，形成木（竹）骨泥墙壁。考古发现，古蜀先民还聪明地将大量不能使用的稻谷壳、稻草用作建筑材料。墙壁还需以火烘烤，使之稳固坚实。屋顶为两面斜坡式，通常用竹、木构缀，覆盖茅草[3]，这种墙基槽式木（竹）骨泥墙地面建筑在宝墩文化遗址、三星堆文化遗址和金沙文化遗址等均有发现，是古蜀先民取材自然、适应环境的智慧创造。2014年初，成都文物考古研究所在新津宝墩古城遗址内，发现了一座面积360余平方米的建筑遗迹，这是迄今为止发现的最大的宝墩文化生活建筑，还有数座单体面积200平方米以上类似宗庙的大型公共礼仪性建筑，它们的存在，充分显示出古蜀先民高超的建筑技术以及顺应环境而获得的文明创造能力，并助推宝墩古城遗址成为岷沱平原面积最大，在中国境内仅次于浙江良渚、山西陶寺、山西石峁的第四大新石器时代城址。

干栏式木构建筑　这类建筑是古蜀先民在林木繁茂、滨水低洼环境下的另一种创造。房屋全部使用木质材料，先将许多圆木桩打入土中形成密集的桩网，然后在木桩底端悬空绑扎圆木，形成方格网状的结构层，其上平铺木板作为居住面，最后在木柱上端以榫卯的方式构筑屋架。房顶为两面斜坡形式，覆盖茅草。这种下部架空，居住使用面高于户外的典型干栏式建筑[4]，发现于宝墩文化的郫县古城遗址、温江鱼凫村遗址以及十二桥文化的岷江小区遗址和十二桥遗址，其中成都十二桥遗址出土了迄今国内唯一有房顶、墙体和基础三部分完整构件的干栏式木构建筑遗存，它们与浙江余姚河姆渡文明、广东高要岗遗址等

1 孙吉：《成都平原更新世—全新世中期的地理环境与文明进入和选择》，《成都大学学报》，2006年第1期。
2 陈剑：《波西、营盘山及沙乌都——浅析岷江上游新石器文化演变的阶段性》，《考古与文物》，2007年第5期。
3 姜世碧：《成都平原的环境对蜀文化聚落建筑与经济的影响》，《四川文物》，2003年第2期。
4 姜世碧：《成都平原的环境对蜀文化聚落建筑与经济的影响》，《四川文物》，2003年第2期。

新石器时代同类建筑遥相呼应，成为适应中国南方潮湿多雨环境的代表性建筑。

饮食居住之外，人类生存的另一关键要素就是器物的发明与使用。人们常常惊叹于古蜀文明那些精美华贵、造型优美、神秘夸张的黄金和青铜器，而我们现在要抛开这些使用范围狭窄的礼器、重器，回到普通日常的生产生活用具，去认识古蜀先民在适应和利用环境方面的想象力与创造力。

岷沱平原植物繁茂，古蜀先民如需开荒种地必须先砍树除草，他们为此制作并使用相应工具。三星堆文化遗址出土了种类齐全的农业生产工具，除斧、锛和凿等三种主要用于开垦种植用途的工具外，还包括了收获工具石刀、加工工具石杵以及锄耕工具玉凿、玉锄等。十二桥文化遗址出土了大量骨质工具，以及大量用于砍砸、刮削的打制石器，侧面印证了古蜀先民多元的生业方式。身处林木茂盛、湖沼密布、土质疏松柔软的平原腹地，古蜀先民还制作了取材方便、易于加工的木质农具，用于播种、耕作和除草；骨质农具主要用鹿角制作而成，可用于翻土或开挖水田。两者较之厚实笨重的石器，更易深入土层，不仅减轻了劳动强度，而且大大提高了劳作效率，堪称古蜀时代杰出的创造发明。

农业生产之外，古蜀先民亦发明了广泛用于建筑领域的工具。如十二桥遗址发现有干栏式建筑的榫卯结构木构件，木构件上有明显的斧、锛加工痕迹，而众多的圆木被加工成整齐的长方木，亦反映了当时先进的工具制作水平与木作技术。

陶器是古人生活起居中最为广泛应用的器物。对于考古学家、人类学家及历史学家来说，陶器是探索古代文化的重要器物。本文无暇分析古蜀文明遗址出土的数量庞大、种类繁多的陶器的器形、分期与用途，仅从陶器制作与使用的两个具体角度来展现古蜀先民对自然环境的响应行为。

古蜀文明主要源头营盘山遗址出土的陶器与岷沱平原最早的文化类型宝墩遗址出土的陶器，在陶质与陶色上确有许多共同性和承继性，但随着生存环境的改变，两者在陶器的制作与使用方面有了明显不同。营盘山遗址和宝墩遗址都出土了大量夹砂陶和泥质陶，但宝墩遗址少见红陶，反而灰陶占了绝大多数。这其中的原因可以从制作工艺来解释：岷沱平原河流纵横，烧陶取水快速降温显然比在营盘山便利得多[1]，这种近水的生产方式让古蜀先民有意识地大量烧制灰陶。从陶器纹饰来看，营盘山陶器水波纹极少且见于彩陶，而宝墩文化时期，水波纹成为陶器划纹的主要形态，这很难不说是水网密布的生活环境在思想行为中的折射。此外，营盘山遗址流行小平底器，而宝墩文化遗址盛行圈足器，这同样是

1 古代灰陶与红陶、黑陶相比，其机械强度更高，热稳定性更好。这是因为在灰陶的烧成后期采取了向窑顶喷水快速降温的措施。参见李聪、余小林：《刍议中国古代灰陶的工艺性》，《景德镇高专学报》，2011年4期。

古蜀先民为适应平原地带新环境而做出的主动调整，因为按照现代制陶工艺解释，圈足器显然比平底器更具防潮作用。

载魂之舟：亡魂“入水为安”

对于死亡的认识与葬俗的选择，是区分人类社会文化类型的重要参照标准。古蜀文明在岷沱平原环境生存发展并逐渐兴盛，始终以人水关系为核心获取灵感与动力，从生存到死亡，古蜀先民有一套独特的思想与行为。

2000年，四川省文物考古研究院对地处成都闹市区的商业街开展考古发掘，出土古蜀文明最后的时代——晚期巴蜀文化时期的船棺墓葬，让世人得以了解古蜀先民对于亡魂的独特安抚方式：17座棺木均以珍贵的桢楠打造成船型。楠木是软性木料中最耐水防腐的木材，但它们被刻意置于潮湿多水的环境——一座有沙底的“浅水池”中，船棺两侧由木桩夹峙固定，防止漂浮，船棺尾部立有一根木枋，推测可能是系缆绳的木桩。[1]与黄河流域忌讳低洼潮湿的墓葬相比，古蜀船棺墓葬显得非常“亲水”。

尽管这种以船为棺的葬俗文化现象遍布古代巴蜀文明地区，是长江上游较为独特而普遍的葬俗，但商业街船棺葬的规模与等级显然是其他出土船棺葬俗不能比拟的。学者推测它属于古蜀文明最后一个王朝——开明王朝的高等级墓葬，这不仅使船棺葬俗与史书记载的开明王朝第一代统治者鳖令从荆楚溯江而上、治水称王的历史传说相勾连，更表现出古蜀文明的特殊地理环境和人类行为息息相关。

四川盆地河流众多，而岷沱平原更是水系纵横，河湖密布，古蜀先民长期生存于此，习水性，善驾船自是理所当然。他们利用河道水网、湖泊湿地所提供的便利，以船捕鱼、运输、交通、贸易、迁徙……古蜀文明以江河平原为环境基底，建立起狩猎—渔捞—农耕文明的古代世界网络[2]，更让古蜀先民的生活与水、船密不可分，即使在死亡之后，他们依然以船为媒介，安息亡魂，入水为安。

1 颜劲松、孙华：《成都闹市地下大发现——巨型船棺葬》，《中国国家地理》，2001年第5期。
2 孙吉：《成都平原更新世—全新世中期的地理环境与文明进入和选择》，《成都大学学报》，2006年第1期。

三星堆出土的青铜神鸟

蜀水文明：
人地相适、治水起源与历史底层

位于四川盆地西部的岷沱平原，由岷江、沱江及其诸多支流冲击而成，东西两侧山脉夹峙，南北多丘陵山地，形成一个半封闭又具开放性的自然地理区域。在作为长江上游古文明中心的数千年里，这里总体气候温暖、降水丰沛、土地肥沃、动植物资源丰富……古蜀先民因地制宜，择河流台地而居，建造竹木房屋建筑，采取以稻作农业为主、水旱并行的生产方式，辅以渔猎和采集，饲养家畜家禽，逐渐形成长期稳定的定居生活，进而在水系纵横的湿润平原地理环境中创造出辉煌璀璨的古蜀文明，成为在中国乃至世界文明谱系中皆耀眼夺目的地域文明形态，特别是其人地（水）关系模式独树一帜，影响深远，因此常常被冠以“蜀水文明”之美誉。

水是塑造和形成岷沱平原现代地貌的最重要自然营力，古蜀文明最大的特征之一就是对水文环境的适应与利用。从前文的论述中可以看出，无论是从气候变化、地形地貌、生物群落等自然环境角度还是从人类迁徙、聚落建筑、生业模式等人文社会角度来看，人水关系永远是古蜀文明最核心最关键的人地关系构成要素。有学者曾结合古蜀历史研究成果和历年的考古发现，从水文化角度出发，将古蜀文明与水文环境的关系大致分为四个阶段：一是“随水下迁”，二是“筑水兴城”，三是“引水腹地”，四是“以水为业”。[1]一言以蔽之：古蜀先民与水文环境的持续互动，创造出古蜀文明的基本形态，并奠定了今日长江上游文明的历史底层。

底层概念，源于韦斯登·拉巴 (Weston LaBare)一篇研究美洲印第安人巫教与幻觉剂的论文。其所谓底层，是相对于文化序列发展演变而言的，指存在于不同文化序列中处于底层或带有底层特征的一种或数种来源相同、年代久远的共同文化因素。底层特征长期地保留并贯穿于该区域文明发展的各个阶段，持续而稳定地发挥着影响。底层理论可广泛应用于追溯人类文明形态的基本结构与意识起源，比如中国神话传说以昆仑神话体系为底层，古

[1] 谢祥林：《论水与成都平原先秦文明的关系》，《四川水利》，2019年第4期。

史记载则以炎黄为代表的“三皇五帝”及夏禹为底层。运用底层概念，可以粗略分析出古蜀文明如何奠定了今日中国西南地域乃至参与构建长江文明的历史底层。

治水起源：以水为师

古蜀文明日益丰厚的考古研究成果，不仅勾勒出古蜀文明的脉络序列，更明晰地阐释出地理环境，特别是气候与水文环境对于古蜀文明的深刻影响与塑造。如前文所述，古蜀先民不仅在选址筑城时有关于随顺河流、防洪避水的综合考量，在面对水流改道、水患频仍的自然环境之时，还因地制宜地发展出蜀地独特的治水思想与技术的创造性智慧，这些源自古蜀先民的人水关系处理经验与智慧日益成熟，为后世都江堰水利工程的成功修建，造就享誉天下、延续至今的“天府之国”提供了充足的基础性准备，进而影响到整个中国乃至世界历史的走向。

考古学家在宝墩文化二期的郫县古城发掘发现，古城城垣已经开始采用大量河卵石来加固城墙，并发明了挖高坎的方法来防止河卵石下滑，这种方法与后来古蜀文明筑城普遍使用的干砌卵石技术有较大相似性。此外，古城遗址内建有五座大型卵石台子，其使用的独特的“竹木护石”技术被视作后来蜀地治水系统之“竹笼络石”技术的先声：先在选址周围挖基槽，再在槽内密集埋设圆竹作为护壁，最后填充卵石作台子[1]。

无独有偶，2014年，成都文物考古研究院在温江区公平街道红桥村附近的宝墩文化三期遗址发现了距今约4000年前的水利设施。这处水坝护岸设施使用了夯筑法，工艺与宝墩时期城墙筑法相似。其全长147米，上宽12米，下宽14米，分内外两层坝体，墙体之间开挖与护坡平行的沟槽，沟槽内填埋木桩，再填土夯实，以加固墙体，墙体外侧临水的一面筑有卵石护坡，以更好地抵抗流水冲刷，这与后世的都江堰工程修筑方法有诸多相似之处，堤坝上一排排鹅卵石清晰可见，推测其起初是用竹笼盛装垒砌而成，这俨然是都江堰水利工程竹笼固沙石原理的雏形[2]。古蜀先民对于水文环境的认知与治水实践，以特殊的形式被记录保存。宝墩古城遗址发现两片陶器的纹饰为戳印纹加水波纹，酷似卵石堤埂形

[1] 黄晓枫、魏敏：《成都平原先秦时期的水工遗产与古蜀文明进程》，《中华文化论坛》，2014年第2期。
[2] 陈剑：《在希望的田野上：岷江地域考古发现与研究的新进展——以2014年度的田野工作为中心》，《地方文化研究辑刊》，2016年第1期。

成的渠道，沟渠中流水潺潺，波浪翻卷；另一片陶片纹饰图样更形似截水工程现场摆放的两排杩槎。[1]

古蜀先民的治水智慧与“亲水互动”，随着三星堆文化遗址考古进展有了新的线索：城址范围内不仅发现多条古水道，而且西城墙在月亮湾小城处有一拐角，且与其南段有一段距离为空缺，初步推测当是三星堆古城水门所在。水门的发现进一步证明三星堆古蜀先民对水文环境的主动营构[2]，使古蜀文明水系与城池的使用和功能布局关系获得了新的解读。

金沙文化遗址发掘同样让人惊喜，出土了岷沱平原现存最早的堆砌卵石建筑河道护坡水利工程，其干砌卵石技术明显承继自宝墩文化，而古蜀先民的治水经验与技术在实践中持续发展。1985年，十二桥文化的方池街遗址出土迄今为止岷沱平原最早的专门水利工程，东、西、中三条规律分布的卵石石埂，整体呈Z字形。发掘者结合蜀中治水传统及对成都抚琴小区商代遗址以竹篾固定、保护器物等研究后明确指出，这些石埂均用竹笼盛装卵石堆砌而成，是古蜀时期的治水工程遗迹，具体用途则是护堤、分水、支水和滚水等。[3]此外，在成都指挥街遗址出土了6根木桩和竹木编拦沙筐等遗存，木桩可能是护岸坝体工程的遗物，竹木编拦沙筐则毫无疑问是竹笼固沙石技术的最早实物。[4]

上述考古发掘的诸多治水工程遗迹表明，古蜀先民在特定地理环境中的创造性实践，凝练出一脉相承的独特治水思想与技术，包括以竹笼盛装卵石垒堤筑坝、干砌卵石埂以及木桩技术等，从最初单纯的防洪、排水设施亦逐渐向护堤分水、引水灌溉的综合系统工程发展。《淮南子》曾道“因水以为师”，古蜀文明的治水技术真正体现了因地制宜、就地取材、简便易行的指导思想，以及师法自然、以柔克刚、刚柔相济的治水理念，构成古蜀文明的基底性内涵之一，不仅奠定了后世都江堰水利工程的技术模式和理念，亦贯穿于整个川西平原治水兴农、社会治理的历史始终，渗透到当地居民的思想信仰与日常行为之中，从而对中国古代水利工程产生了极为重要的借鉴意义，且影响到整个古代中国社会处理人地关系的思想与行为模式。

1 谢祥林：《论水与成都平原先秦文明的关系》，《四川水利》，2019年第4期。
2 包宁祺：《试论古蜀先民的环境观》，《文存阅刊》，2018年第15期。
3 徐鹏章：《成都方池街古遗址发掘报告》，《考古学报》，2003年第2期。
4 罗二虎，徐鹏章：《成都指挥街周代遗址发掘报告》，《南方民族考古》，1987年第1辑。

人居范式：水旱农业

古蜀文明不仅凭借对岷沱平原水网环境的适应与治理而生根，还因不断发展的人居方式和生业方式而稳定延续。面对河流纵横、湖沼密布的自然环境，古蜀先民择近水台地而居，随顺河流方向为聚落选址，并因应气候变迁、洪水侵害以及河流水文变化、治水技术优化而迁徙。在潮湿多雨、林木繁茂的平原低地，古蜀先民因地制宜、就地取材，发展出墙基槽式木（竹）构建筑和干栏式木构建筑。干栏式建筑展现出人类对温暖湿润相似环境的一致性（河姆渡等地亦有发现），而最值得一提的墙基槽式木（竹）构建筑，至宝墩文化时期似乎即已发展成熟。“木（竹）骨泥墙编墙茅草屋”的修筑技术及建筑样式，始终为三星堆文化、十二桥文化等古蜀文明社会采用，并发展完善为岷沱平原近现代历史时期的传统建筑形式，直到今天仍在较为偏僻的农村存续，可谓确立了今人津津乐道的川西平原独特的地域人居模式——“林盘”建筑的基本范式。考古还发现，古蜀先民还将其不能食用的稻草、稻壳充作建筑材料，这些自古蜀文明以来代代承继的建筑智慧深刻塑造着川西平原的人居景观与居民行为。

生业模式是古蜀文明建基与兴衰的物质基础。岷沱平原作为典型的冲积平原，其形成有赖于水的作用，河流搬运来的成土物质，经过冲刷、搅动、漂浮形成地表有机堆积层，砂夹卵石层和坚硬的砾岩则与岩基一起构成地下水涵养层，从而孕育出肥沃、适合农业的土质结构。古蜀先民来到温暖多雨、水源充沛的平原地带，面临全新的生存环境，将来自岷江上游的旱作农业与来自长江中游的稻作农业相结合产生了以稻作为主、水旱并行的农业生产方式。这是古蜀先民兼顾地理环境与生存繁衍的创新实践。随着岷沱平原治水技术的提升及渐臻完善（都江堰水利工程），长达数千年农业社会的持续实践，这套农业种植结构与方式不断得到优化，亦极大程度改变了土壤成分与区域环境，最终形成了行之有效且独树一帜的农业生产基本模式，形塑着“天府之国”的物质基础和运行规律。时至今日，“水旱轮作”已被认为是岷沱平原最具代表性的传统农业方式，位列中国重要农业文化遗产名录。

成都川西林盘 摄影/孙吉

自然信仰：灵性思想

古蜀先民来自山地，扎根平原，通过对以往经验的运用与对崭新模式的探索，最终创造出璀璨夺目的古蜀文明。从某种意义而言，古蜀文明实际是山河文明的结合体，山与水，是古蜀文明的永恒命题，也是古蜀先民精神世界的自然背景。古蜀文明遗址出土的诸多文化器物及其反映出的社会性集体行为，显示出古蜀先民与众不同的信仰体系及精神生活，镌刻成这片区域的思想行为范式。

对祖源之地的神往与怀思，是人类共通的情感。对于徙居岷沱平原的古蜀先民而言，最深刻的祖先记忆来自高山峡谷。于是古蜀先民不仅将自身对文明与族群起源之地的眷恋表现于实际的回归行动，如《华阳国志》记载，杜宇在禅让王位之后，“帝升西山隐焉”（后世绝大多数学者认为，此处的“西山”即“岷江上游的崇山峻岭”），在进入平原文明时代之后，依然对西部的壮阔大山怀有宗教般的崇拜与向往。考古发现，三星堆遗址的两个大型商代祭祀坑朝向均为北偏西35度，站在两坑位置，望向西北方，可遥见位于彭州境内的龙门山脉九峰山主峰（象征整座古岷山[1]），“仓包包”土堆的方向也是如此。这正是古蜀文明的溯源与迁徙之路，让人无法不将其作为遥想祖先之地和神圣祖山的行为隐喻。古岷山泛指今天四川盆地西部的诸多山脉，是古蜀文明最显著的地望，甚至可能就是中国上古神话起源的昆仑山[2]，这些祖先、神灵、传奇聚集的高大山脉，不仅是古蜀文明的精神支柱，也是古蜀先民尊崇与敬畏的对象。三星堆最具代表性的青铜器之一的“通天神树”，正是从一座形如高山之巅的基座上生长而出，而这座云雾缭绕的高山可能正是象征着古蜀祖源的古岷山。除此之外，三星堆出土的其他青铜器亦发现诸多大山图案，它们似乎昭示着古蜀文明崇山敬山的思想世界。

古蜀先民与山地祖先的沟通，不仅体现在与祖源之山的紧密联系。《华阳国志·蜀志》记述“有蜀侯蚕丛，其目纵，始称王。死，作石棺石椁，国人从之，故俗以石棺椁为纵目人冢也”，透露出古蜀先民对待大石的心理。大石作为追思祖先的象征之物，本身成为神力的象征，同时还是大山崇拜的符号，因此成为古蜀文明精神世界的又一标识性象征。《华阳国志·蜀志》中描述开明王朝时期，“每王薨，辄立大石，长三丈，重千钧，为墓志，今石笋是也，号曰笋里”。据文献记载，历史上除了著名的石笋（笋），还有武

---

1 樊一：《三星堆寻梦：古城古国古蜀文化探秘》，四川民族出版社，1998年。

2 蒙文通：《略论山海经的写作时代及其产生地域》，《巴蜀古史论述》，四川人民出版社，2019年。

担石、石镜、天涯石、地角石、五块石、支机石等巨石，这些巨石皆从百里以外甚至更远的山上开采运来，后世曾附以诸多传说，其中的石笱与五块石，更被赋予镇水与治水作用，堪称古蜀文明信仰在岷沱平原富水环境中的历史变形，这些巨石至今仍有部分留存于成都市区，千百年来形成了一种特殊的遗存，渗透于蜀人的文化心理之中。

地理环境与古蜀文明相互渗透、关系密切。岷沱平原在全新世早中期的气候生态，不仅深刻影响着古蜀文明的发展与走向，生长其间的生物群落亦成为古蜀先民精神世界的灵感来源。三星堆遗址和金沙遗址出土器物生动反映了这一事实。三星堆最引人注目的巨型青铜器之一的“通天神树”，工艺精湛，透视出先民的非凡想象，树干、枝叶、花卉、果实、飞禽、走兽、悬龙、神灵等集于一树，营造出现实与虚幻并存的神秘神圣之感。这不仅仅是当时自然生态与社会生活的映照，更折射出丰富的精神世界。人们在幽深密林之中，获取物质能量，亦极易成为神秘自然的俘虏。那些高耸入云的乔木往往容易被神化，被视为神灵的居所或本身成为神力的代言、成为沟通超自然力量的媒介。“巨木崇拜”是古蜀文明的重要精神特征，三星堆与金沙遗址出土的大量乌木，以及商业街遗址出土的船棺都可窥见“神灵之树”的影响，而这些对于巨大古树、古林的崇敬的源起与流变，至今仍然能在西南诸多传统乡村的水源林划界心理和保护行为中折射出来。

中国文化遗产标志——太阳神鸟

但对古蜀先民而言，最巨大最醒目又最难以捉摸的自然之物，可能并非地面的高山巨木大石，而是天空中的太阳。金沙遗址出土的代表性文物——“太阳神鸟”金箔，可以映射古蜀文明时期环境变迁与人类信仰的互动图景。前文已大致勾勒出古蜀文明发生发展的脉络及当时岷沱平原的气候、水文、生物等自然环境，金箔刻画的围绕太阳的神鸟形象与我们今天熟知的火烈鸟近似，或许正是当时温暖气候与湿地环境的象征。当全新世气候的震荡全方位影响着古蜀先民的聚落、农耕、渔猎等生产生活，对于适宜环境的向往与期盼，即容易表现为对太阳及神鸟等象征物的神化。孕育古蜀文明四川盆地，因地形地貌影响常年云遮雾绕，多雨少晴，加之农作物对气温变化十分敏感，太阳崇拜遂构成古蜀文明的精神基底之一，三星堆曾出土太阳轮型青铜器，即是对此信仰的又一佐证。

古蜀先民从高山河谷到多水平原，水是古蜀文明面临的生存挑战，也是重要的生存资源，地理环境的改变驱使着生存方式的转型。三星堆文明最繁荣时期被视作鱼凫氏王朝统治的杰作，水鸟鱼凫是水体环境的标志性生物，将其作为王族的名称，表明古蜀文明与河湖湿地环境关系密切，反映出生产生活中捕鱼行为的重要性，以及古蜀先民面对水的特殊心理：既有对水源的亲近与利用，也有对水患的警惕与恐惧。但鸟类是农耕物候的指示性物种，古蜀文明有望帝杜宇魂化杜鹃，催促农耕的传说，即反映出农业生产在古蜀文明运转中的核心地位。两代古蜀王族均与鸟类产生密切关系，或许蕴含了将现实寄予王权，又将王权逐渐信仰化的逻辑，而鸟类的象征性被日益加强，以至成为权威与信仰的图腾。从三星堆遗址和金沙遗址出土众多鸟形器物中，足以窥见古蜀文明鸟崇拜的精神体系。

无论是对高山、大石、巨树还是对祖先、太阳、飞鸟的信仰与崇拜，均反映出古蜀文明通过思想层面将生态环境和人类社会紧密结合，这些蕴涵着祖先崇拜、山水崇拜、生物崇拜等元素的信仰结构，奠定了一种与环境密不可分的万物有灵与能量转换观念，仙道思想由此在古蜀地域起源，而这些观念与思想随着文明的演进而体系化，一种发源于四川并成为古代中国社会根底的宗教——道教，将由此而获得最底层的源生力量。[1]

金沙遗址的太阳神鸟雕塑 摄影/迟阿娟

[1] 鲁迅于1918年8月20日给许寿裳的信中曾说："前曾言中国根柢全在道教，此说近颇广行。以此读史，有多种问题可以迎刃而解。"参见《鲁迅全集·9》，人民文学出版社，1958年。

人水和鸣：治水文化与社会治理结合的四川实践

文/华桦

发源于莽莽高原的浩浩川江，与历代被史籍、诗歌记录下的潺潺蜀水，不仅是地理意义上的江河，更是中华大地上有文物佐证的5000余年人类文明发展的无言见证，无愧为“流淌的江河博物馆”。离开了川江蜀水的启迪，离开了蜀中儿女几千年来对大自然的认识了解、灾害治理、倾力保护、适度开发，就没有巴蜀大地“人水和鸣”的现状，也就没有“天府之国，沃野千里”的兴旺。

四川地处中国地理特殊地区，多条大江在此汇合，是长江上游重要的江河发源地，也是中华文明系列中的重要组成部分。有人说，长江文明的四处分布各有独特的文化特征：源头蜀（四川）文化的特点是“生气”，上游巴（重庆）文化的特点是“豪气”，中游楚（湖北）文化的特点是“大气”，下游吴越（江浙）文化的特点是“灵气”。

生气十足，正是对四川盆地蜀文明以及蜀水文化的独特写照：水出高原，则点滴汇聚，对应文化的源远流长；水穿峡谷，则冲关越隘，对应创造的艰难卓绝；水过丘陵，则兼收并蓄，对应文化的融合包容；水经平原，则润物无声，对应文化的深厚历史沉淀与社会影响。

2016年9月，位于成都市中心天府广场的成都博物馆新馆落成。一尊制作于秦汉时期，有着洗练线条，被视为“镇水神兽”的圆雕石犀，当之无愧地成为代表成都悠久蜀文化的“镇馆之宝”。

被成都市民爱称为“萌牛牛”的石犀长3.31米、宽1.2米、高1.7米，重约8.5吨，整座圆雕呈站立状，躯干丰满壮实，四肢粗短，下颌及前肢躯干部雕刻卷云纹。20世纪70年代，这尊石犀于天府广场钟楼工地被部分发现，后被原地回埋。2012年12月16日，在正式的考古发掘中，石犀华丽出土，成为我国同时期最大的出土圆雕石刻。

在古代，犀牛因传说具有分水、镇妖的双重作用，而受到人们的膜拜，人们常制作犀牛像放置于水边。天府广场出土的这尊石犀，其来历概以《华阳国志·蜀志》中的记载为准：“秦孝文王以李冰为蜀守……外作石犀五头以厌水精。穿石犀溪于江南，命曰犀牛里。后转为耕牛二头：一在府市市桥门，今所谓石牛门是也；二在渊中”。

《水经注》卷三十三也有佐证：“西南石牛门曰市桥，吴汉入蜀，自广都令轻骑先往焚之，桥下谓之石犀渊，李冰昔作石犀五头以厌水精，穿石犀渠于南江，命之曰犀牛里，后转犀牛二头，一头在府市市桥门，一头沉之于渊也。”《艺文类聚》卷九十五《蜀王本纪》则记有：“江水为害，蜀守李冰作石犀五枚，二枚在府中，一枚在市桥下，二在水中，以厌水精，因曰石犀里。”

秦汉时期石犀 摄影/华桦

神话传说的精神力量、石犀本身巨大的身量，以及石犀兼具“水则”(古代衡量水位的水尺)的实用功能，赋予石犀神秘而庄重的色彩。后世研究更证明，该石犀与2000多年前的李冰治水密切相关。

一件文物，穿越时光来到我们面前，指引我们去探究：更长的时间跨度里，在川江流域，在四川盆地，在成都平原，人和自然“相生相长，相辅相成”的和谐关系是如何建立的？“道法自然”的蜀水文化是如何形成的？蜀水文化的核心——治水文化给后世的我们有什么启迪？

李冰石像 摄影/华桦

“水清政清”与“水安民安”：江河治理与社会治理的关系

中国历史上，治水始终是治国的重要构成，很多关系国计民生的大政策，都和河流治理有关。可以说，四川江河治理的历史，就是一部“人水和谐”的历史。

藏彝走廊、古蜀立国到“治水兴蜀”

四川的水利开发与江河治理，与古蜀国的形成与发展，与藏羌民族和汉民族的融合乃至华夏文明的形成与发展密不可分，记录了西南独特的蜀文化逐步融入中原文明的历程。四川水利开发与社会发展的关系，尤以岷江上游都江堰水利工程的兴建与完善为标志与范本。

曾被视为长江源头的岷江，是横断山系中最靠近中原文化的河流。历史典籍记载和近现代对横断山系“藏彝走廊”的研究定位，都清楚地向我们显示了古蜀国的建立脉络以及地方政权的治理思路。

“蚕丛及鱼凫，开国何茫然。尔来四万八千岁，不与秦塞通人烟”，李白的《蜀道难》是对古蜀先民生存状态的生动写照。而在四川盆地中心，岷江流域及沱江流域发现的什邡桂圆桥遗址、广汉三星堆遗址、成都十二桥遗址、成都金沙遗址和成都平原八大史前城址，不仅都分布在江河干流与支流边，也和古蜀国蚕丛、柏灌、鱼凫、杜宇直至开明王朝的政权更替息息相关。

如果用一段简练的语言来归纳古蜀历史，可以这样描述：在古代蜀国的历史上，最初有蚕丛、柏灌、鱼凫三王朝的兴衰更替；至商周之际，有杜宇王朝取代鱼凫王朝；到了春秋早期，有开明氏兴起，建立开明王朝；最后是公元前316年秦惠文王伐灭开明氏，结束了古蜀国雄踞西南的历史，蜀归于秦。

从现今的地图中，我们仍然可以清晰地看到，古蜀国的政治、经济、文化中心，就是随着江河治理，在成都平原核心地带形成了由“郫邑（今成都市郫都区一带）—新都（今成都市新都区一带）—广都（今成都市天府新区一带）—成都（今成都市主城区一带）”的迁徙路线。

而在约5000年的蜀地文明发展史中，重要的政权更迭都和江河治理紧密相连，也和在四川流传的诸多神话有关："三过家门而不入"的大禹，传说就出生在嘉陵江支流涪江边的北川，他因治理黄河有功而登上帝位；都江堰内江水系的江安河边至今留存有传说是古蜀国鱼凫王和柏灌王的墓地；成都市郫都区的望丛祠里，香火千年不断，供奉着功垂千古的两代古蜀君王——"教民务农"的望帝杜宇、"决玉垒以除水害"的丛帝鳖令；更有被奉为神祇"川主"的李冰父子，"二王庙"里并列的塑像2300年来一直守护着脚下的都江堰渠首工程和广袤的成都平原……

"天府之国""扬一益二"到"新一线城市"

低洼的沼泽被改造成良田，一个个绿色的"川西林盘"点缀着"不知饥馑"的美好田园，每当夕阳西沉，炊烟袅袅升起，雪山下的这一片静谧景象，令人神往。

优越的地理条件，历代对江河的尊重与治理，可谓集"天时地利人和"于一体，造就了物阜民丰、经济繁荣的"天府之国"。到唐代，成都更博得"扬一益二"的美誉，与长江下游最为繁华的扬州相提并论。"天府之国"，是中国版图中民族智慧的结晶，也是人与自然和谐相处的典范。

"天府之国"一词，原指土地肥沃、物产丰富的地区。《史记·留侯世家》曾以其喻指关中地区："夫关中，左崤函，右陇蜀，沃野千里，南有巴蜀之饶，北有胡苑之利，阻三面而守，独以一面东制诸侯，诸侯安定，河渭漕挽天下，西给京师；诸侯有变，顺流而下，足以委输。此所谓金城千里，天府之国也"。

但李冰修都江堰后，天府之国逐渐用来专指成都平原。常璩在《华阳国志·蜀志》中称其"沃野千里，号为陆海，旱则引水浸润，雨则杜塞水门，故记曰水旱从人，不知饥馑，时无荒年，天下谓之天府也"。诸葛亮在《隆中对》中写道："益州险塞，沃野千里，天府之土，高祖因之，以成帝业"。

唐宋是中国古代经济发展的高峰，城市经济持续发展，尤以地处东南、西南部的两大都市扬州、成都的工商业经济最为繁荣。唐宋两代史籍对此多有称颂。

唐代李和甫修《元和郡县志 》时称："扬州与成都，号为天下繁侈，故号扬、益。"

《资治通鉴》载："先是，扬州富庶甲天下，时人称扬一益二。及经秦、毕、孙、杨兵火之余，江、淮之间，东西千里扫地尽矣。"

又有唐人卢求在为白敏中《成都记》作序时写道："大凡今之推名镇为天下第一者，曰扬、益。"

到了清嘉庆时，扬州人修地方志，仍不忘称述旧时盛景："故有唐藩镇之盛，惟扬益二州，号天下繁侈。"（嘉庆《扬州府志》卷六十三）

证实成都"因水而兴，因水而荣"的，还有《马可·波罗行纪》中"成都府"一章，简单的文字，不仅为我们描述了他看到的成都河流，还为我们留下了成都平原700余年前的繁华景象：有一大川，经此大城。川中多鱼，川流甚深，广半哩，长延至于海洋，其距离有八十日或百日程，其名曰江水。水上船舶甚众，未闻未见者，必不信其有之也。商人运载商货往来上下游，世界之人无有能想象其盛者。此川之宽，不类河流，竟似一海。[1]

马可·波罗笔下的廊桥也是美轮美奂："城内川上有一大桥，用石建筑，宽八步，长半里。桥上两旁，列有大理石柱，上承桥顶。盖自此端达彼端，有一木质桥顶，甚坚，绘画颜色鲜明。桥上有房屋不少，商贾工匠列肆执艺于其中……桥上尚有大汗征税之所，每日税收不下精金千两。"

700多年以后，新的安顺廊桥傲然横跨府河，成为成都城市形象的靓丽名片，而岷江流域成都平原的这座古蜀国古老都市，则已经成为继"北上广深"之后的"新一线城市"，在西南腹地异军突起，既延续了千年蜀水文化，也延续了千年经济繁荣。

"因水而兴，因水而荣"的四川盆地

得益于蜀水文化从上古延续至今的治水文化，得益于都江堰水利工程的兴建，得益于"道法自然""因势利导"的治水思想和实践，更得益于"无坝引水"的水利工程修建方式以及"水利工程岁修制度"，四川古代大大小小的水利工程陆续在各地兴建，形成了较为完备的灌溉系统，为四川成为世界灌溉工程遗产密集地区，成为古代中国的"粮仓"，实现经济发展和社会进步，提供了坚实的保障。

从先秦时起，在很长的时间里，四川盆地这个地处中国西部，被誉为天府之国的区域，几经时代动荡，但都能迅速从衰败中走出来，恢复生机，与中原发展并驾齐驱，这和四川的水利工程的完善密不可分。李后强、姚乐野主编的《四川江河纪》一书中，分流域列举了这样的实例：四川人口密集、农业种植业较为发达的岷江、沱江、嘉陵江、大渡河、雅砻江等流域，不仅依据地形修建无坝引水工程以利灌溉良田，还星罗棋布地建成了不少水库、堰塘等水利工程，以解决丘陵地带的灌溉用水；众多的堰塘工程更如天上繁星，在四川盆地各江河流域熠熠生辉，大大促进了蜀地的农业经济发展。四川境内的重要古代灌溉工程主要分布在岷江流域、沱江流域和涪江流域。

岷江流域

都江堰水利工程 岷江流域开发最早和效益最为显著的水利工程，入选世界自然遗产、世界文化遗产、世界灌溉遗产名录。灌区横跨岷江、沱江、涪江三大流域，是造福成都、德阳、绵阳、遂宁、资阳、乐山、眉山7市40县（市）的特大型灌区。渠首工程建成时（约公元前256—前251），保证了约156万亩（1亩约666.67平方米）良田的灌溉，历经多年扩建和改造，新建人民渠和东风渠，引岷江跨沱江流域、涪江流域，扩大了灌溉面积。1949年10月，都江堰灌溉面积达到282.57万亩。1993年底，灌溉范围由14个县扩展到34个县，灌溉面积达到1003.05万亩。1994年，都江堰创建2250周年，都江堰实灌一千万亩纪念碑落成。四川省都江堰管理局印发的《都江堰灌区2021年度供水计划》显示，2021年确保实现灌溉面积1130.6万亩。

通济堰 位于成都市新津区西河与南河交汇口，此地东汉时已建有“六水门”。唐开元二十八年（740），益州长史章仇兼琼从新津邛江口引渠南下到眉山县（今眉山市）西南入江，渠成正式定名为“通济堰”，灌溉农田六百顷（约40平方千米）。宋代通济堰灌溉新津、彭山、通义、眉州四县农田3万亩。新中国成立前，灌溉面积为16万亩，后经多次扩建和改造，至1985年灌溉面积达52万亩。

鸿化堰 位于眉山市青神县北。始建于唐武德元年（618），此后历代均有扩建，至明嘉靖时“灌田四十余里”，清乾隆时“灌田一万四千余亩”，新中国成立后又扩大面积至3.6万亩。

岷江与茂汶谷地 摄影/魏伟

沱江流域

朱李火堰 位于沱江源头石亭江。始建于约2000年前，系李冰父子在都江堰工程完成后“凿瀑口”“导雒水（今石亭江）”所建水利工程。古堰历经多次重建、改建，现灌溉什邡、绵竹10余万亩良田。

湔江堰 古代引沱江源头湔江等河流的灌溉工程，由西汉蜀郡郡守文翁所开。灌区南部与都江堰灌区相连，共有小堰100座左右，灌繁县（治今彭州西北）田17万亩。历史上湔江出湔江堰后分为9支，灌溉今彭州、广汉、新繁、什邡等地田20万亩。1953年开人民渠自都江堰引水后，湔江堰灌区已并入都江堰向北扩灌的人民渠灌区。

官宋硼堰 位于沱江主源绵远河，系官渠堰、硼砂堰、宋家堰三堰合称。明嘉靖九年（1530），始以土石建堰，后世乃以竹笼卵石法筑堤。1942年、1948年先后改竹笼卵石堤堰为水泥拦河堰，1962年修建钢筋混凝土连锁闸分水。今灌溉绵竹11个乡镇田16.7万亩。

沱江源头绵远河官宋硼堰 摄影/华桦

涪江流域

涪江流域水资源的开发，最早可追溯到唐太宗贞观元年（627），先后建成安县（今绵阳市安州区）凯江上游折脚堰、安昌河上游云门堰、梓潼江上游扎土堰、罗江凯江右岸茫江堰、江油梓江上游利人渠，以及涪江干流最早的引水工程——遂宁广济堰。明末清初，涪江干流及支流相继建成大小引水渠堰近50座。

民国时期涪江水利有较大规模的开发：1939年前后又在江油、绵阳、三台、射洪、遂宁等地陆续兴建、改建了女儿堰、龙西堰、郑泽堰、袁公堰、永成堰、大囤堰、可亭堰、四联堰等引水渠堰。但就整体而言，在新中国成立之前，涪江水利工程一般限于干流及主要支流的沿江平坝地区，众多的渠堰工程往往不能得到良好维护，沿江一带灌溉面积仅11.2万亩。

"道法自然"，蜀中当先：认识水理、水利，治水思想与行政管理的演变

对人与江河、人与自然的关系，中国自古以来就有很多鞭辟入里的论述，最经典的当为：水是生命水，河是母亲河。蜀水文化是蜀文化之魂，甚至可以说，蜀水文化中的治水理念和治水方法，为古代蜀地的治理以及处理人与环境的关系，提供了理论上的基础：顺应自然，因势利导，适度开发，人水和谐。

蜀水文化的基础，可从先秦诸子百家对"水"的哲学解析寻找源头。

孔子说："知者乐水，仁者乐山；知者动，仁者静，知者乐，仁者寿。"（《论语·雍也》）

孟子说："人性之善也，犹水之就下也。人无有不善，水无有不下。"（《孟子·告子上》）

老子说："上善若水。水善利万物而不争，处众人之所恶，故几于道。"（《老子》第八章）

庄子说："长于水而安于水，性也；不知吾所以然而然，命也。"（《庄子·达生》）

韩非子说："乘舟之安，持楫之利，则可以永绝江河之难。"（《韩非子·奸劫弑臣》）

管子说："水有大小，又有远近。水之出于山而流入于海者，命曰经水；水别于他水，入于大水及海者，命曰枝水；山之沟一有水一毋水者，命曰谷水；水之出于他水，沟流于大水及海者，命曰川水；出地而不流者，命曰渊水。此五水者，因其利而往之，可也；因而扼之，可也。"（《管子·度地》）

蜀水文化的核心是"治水文化"

治水文化，凝练于人与自然的相处过程，反映了人与自然的关系，是指用怎样的治水哲学、治水思想指导人们的治水活动。在四川数千年以来的治水活动中，在不同的水利工程兴建和维护中，我们可以清楚地看到蜀水治理的哲学思想脉络。

珍水爱水

都江堰渠首鱼嘴附近曾出土一座东汉建宁元年（168）雕成的李冰石像，上刻铭文中最关键的是五个字："珎（珍）水万世焉"。在中国古代治水活动中，鲧的治水指导思想为"镇水堵水，息壤防水"；大禹的治水指导思想，则是"珍水导水，顺水之性"。一"镇"一"珍"音似意不似，有着鲜明的区别，也代表了对待人水关系的两种理念。

历史学家谭继和先生这样解释："珍水万世"的"珍"，应该是珍视、珍重、珍爱、珍惜。它表明水对人类生存和人类文明发展的重要性。水是文明之母，文明伴水而生，水应受万代珍重，这同古希腊哲学家泰勒斯讲的"水生万物，是世界的本原"的思想一样，都是人类对水的共同认识。李冰治水，重在珍重水的神圣性，珍爱水的亲仁性，珍惜水的纯净性，珍视水的上善性，珍宝水的下谦性，这"五珍"理念正是都江堰造福人类的秘诀所在。

从1994年开始至今的"世界水日"，每年都有一个新主题。2021年，"世界水日"的主题，正是"珍惜水，爱护水"，这也从一个侧面说明，对珍爱地球上最为宝贵的资源——水，全世界已经取得了共识并付诸行动。

道法自然

在四川的江河湖泊治理中，都江堰作为至今仍为社会服务并带来源源不断的福泽的水利工程，被誉为“活着的世界文化与自然双遗产”，而因地理特征盛行于成都平原乃至四川盆地的“无坝引水自流灌溉”方法，是“道法自然”的蜀水文化精华哲理在人水关系中的具体体现。

四川是道教发源地。岷江流域的都江堰青城山、大邑鹤鸣山、彭州阳平山等地，曾是张道陵创建道教祖庭、传播教义的发源地，河流水系遍布道教二十四治，影响深远。老子的《道德经》说“人法地，地法天，天法道，道法自然”，又说“道生一，一生二，二生三，三生万物”。从中我们可以寻到蜀水文化精华哲理的产生脉络：这里的“法”，是遵循自然的规律，是维护生态的平衡，是人与自然应遵循的基本关系，也是人不能仅限于被动的“避水”，而要主动“治水”的起源。

四川盆地、成都平原独特的地理环境、经济发展的需要及历代移民的不断增加，自然催生了与自然环境融合的“人水关系”理念和顺应自然的“治水文化”。

蜀水文化的核心是“治水文化”，而“治水文化”的核心是“道法自然”。可以概括为地域性、开创性、包容性、宗教性、民俗性这五种特性。

地域性　横断山系的地理特征，秦岭以南的江河发源地，四川盆地和成都平原相对隔绝的地理环境，形塑了人们长久以来对这块神秘之地的固有概念。李白《蜀道难》称“尔来四万八千岁，不与秦塞通人烟”，欧阳直《蜀警录》断言“天下未乱蜀先乱，天下已治蜀后治”。

开创性　大禹治水、开明治水、李冰治水为“治蜀先治水，治水必兴蜀”这一时代性智慧，做出了完美诠释。而作为“活着的世界文化与自然双遗产”的都江堰水利工程，更是在中国树立了顺应自然、造福一方的典范。

包容性　四川民族众多，历史上“其地东接于巴，南接于越，北与秦分，西奄峨嶓”（《华阳国志·蜀志》），加之历代移民入蜀，文人入蜀，文化入蜀，一同造就了四川蜀水文化有别于其他地区的显著特点。处于长江上游的蜀水文化与中原文化、巴文化、楚文化、湘文化、赣文化、滇文化、吴越文化多元融合，互相借鉴，竞争碰撞，从而在西南一隅形成璀璨的文化体系。

宗教性 蜀水文化盛行山水崇拜。在四川盆地中心地带，有多处遗址出土了水神、龙神崇拜的物证：距今约5000年至3000年的广汉三星堆遗址祭祀坑出土的古蜀王金杖上，有精美的鹰钩喙水鸟；距今约3200年至2600年的成都金沙遗址出土的太阳神鸟金箔上，也有首尾相连的飞鸟图案；成都市中心出土的秦汉圆雕石犀牛，更是蜀地治水的活化石，印证了“作石犀五头以厌水精”（《华阳国志·蜀志》）之说。最具代表性的是，成都郫都区的“望丛祠”专祀古蜀国治水有功的望帝杜宇、丛帝鳖令；秦蜀郡郡守李冰因修建都江堰渠首工程及“开成都二江”，被奉为“水神川主”，受到后世的顶礼膜拜。最早祭祀李冰的官庙，始于汉代，南齐时称为崇德庙，两宋改称“二王庙”。李冰还与二郎神一同被奉为“川主”，护佑水旱平安的“川主庙”遍布西南。据统计，明清以来，成都平原、四川江河两岸主祭李冰的川主庙，仅岷江、沱江、大渡河流域就超过200座。

民俗性 人水和谐的蜀水文化，衍生出和水利工程相关的古堰文化、古桥文化、古湖池文化，也在不同江河流域衍生出和民众生活息息相关的码头文化、酒文化、茶文化、美食文化。比如遍布四川江河流域的川江号子（渠江、涪江、嘉陵江三江号子，沱江船工号子等），岷江流域的都江堰“放水节”和游江龙舟习俗，沱江流域的“白酒文化”、客家滨水古镇移民文化和“小河帮美食文化”，大渡河流域的峡谷文化和红色文化，嘉陵江流域的龙舟文化，渠江流域的秦巴古道文化，青衣江流域的茶马古道文化，等等。

成都出土的汉代说唱俑 摄影/华桦

因势利导，适度开发

中外古代治水理念，有着较大的区别。这从遍布世界的洪水神话中便可窥见一二：西方世界大抵采取逃避、等待的态度；而中国古代神话中多有精卫填海、女娲补天、大禹治水的自强故事。可以看出，中华民族的始祖对待未知的自然现象与灾难，采取的是积极面对并用智慧的方式加以解决的态度。

从现代水利工程来看，西方多采用堤坝拦水的“豪放”方式：世界水坝建设在20世纪70年代达到顶峰，全世界几乎每天都有两三座新建的水坝交付使用。根据有关组织的统计，至20世纪末，世界上有24个国家90%的电力来自水电，有三分之一的国家的水电占比超过一半，有75个国家主要依靠水坝来控制洪水，全世界有近40%的农田是依靠水坝进行灌溉。其中，美国现有大坝74993座，为世界之最，相当于1776年美国独立以来每天都建了1座大坝，世界上最大的10座超级大坝，美国就占了5座。

位于中国西部的四川盆地发生的故事则不然：四川都江堰水利工程提供了“崇尚自然、适度开发、合理布局、自成体系”的宝贵模式。

在中国历史上，与都江堰水利工程同时期（战国末期）诞生的，一南一北还有两个水利工程先后被列入“世界灌溉工程遗产名录”：修建于广西兴安县的灵渠、修建于陕西泾阳县的郑国渠。

和现在作为旅游景点的灵渠和郑国渠相比较，都江堰水利工程还被列入“世界文化遗产名录”“世界自然遗产名录”，并继续发挥着滋养岷沱平原的伟大使命。都江堰诞生至今，始终坚守水利灌溉工程的“本职工作”，一干就是2300年，而且“越干越好”：2022年整个灌区灌溉目标已达到1130万亩。

都江堰鱼嘴将岷江分为外江、内江。都江堰内江水系，不仅在成都平原沟通了岷江、沱江、涪江三个流域水系，还在近现代通过人民渠、东风渠和众多的水库，形成了一个庞大的灌溉体系，让地处西南的四川成为与江南、东北几大粮食供应地比肩的“天府粮仓”，成为物产丰富的战略要地。

蜀地治水的智慧，可以总结为以下三大板块：

都江堰内外江“四六分水” 通过鱼嘴位置的选择实现对岷江水量的调配：在枯水期，外江和内江分水分别占总水量的40%和60%，在丰水期，分水比例则反过来，实现了汛期分减洪水，枯水期增加城市供水的目的。

都江堰系列渠首工程 由分水鱼嘴、堰顶排沙湃阙、开山宝瓶口及其他渠堰设施组成。分水鱼嘴：现代鱼嘴，大致位于老鱼嘴（白沙邮）与宝瓶口连线的黄金分割点，其引水角为138°，亦大致符合黄金分割规律。堰顶排沙湃阙（飞沙堰、人字堤）：以“深淘滩，低作堰”为准则，起到河道排沙疏浚、控制内江断面水流的目的。开山宝瓶口：内江永久入水口，和离堆、飞沙堰共同起到控制内江水量、防洪与排沙的作用。宝瓶口以下，经仰天窝一分为二，经蒲柏闸、走江闸又二分为四，即构成内江水系的蒲阳河、柏条河、走马河、江安河，四江之下又分若干支流渠系，形成扇形水系自流灌溉体系。

都江堰渠首工程 摄影/孙吉

都江堰治水三字经 深淘滩，低作堰。六字旨，千秋鉴。挖河沙，堆堤岸。砌鱼嘴，安羊圈。立湃阙，凿漏罐。笼编密，石装健。分四六，平潦旱。水画符，铁椿见。岁勤修，预防患。遵旧制，勿擅变。

“堰功道”：治水名人与历代地方官

在四川的历史中，不论时代如何变化，我们都可以清晰地看到一个现象：稳定社会、发展经济、造福于民的历代治水工程，大都由当时的地方行政长官牵头督办而成。根据文献记载，这样的水利工程，还和地方官员的“政绩考核”相关联。我们可以将它称为蜀水文化的“古代河长制”。

绵延千年的古代蜀水文化中，“治水名人”迭出。前有大禹治水，涉及长江—岷江流域和黄河流域，后有成都平原古蜀王鳖令治水，更有功绩盖世的李冰父子继之而起，开创旷世工程都江堰水利工程。尔后历朝历代，克绍箕裘者均不乏其人。

大禹　夏朝开国之君。大禹治水的事迹，被记录在春秋战国时诸子百家的经典中，《禹贡》记有大禹在九州开山导水的活动。民间也多有传说，最早的传说见于《山海经·海内经》：“洪水滔天。鲧窃帝之息壤以湮洪水，不待帝命。帝令祝融杀鲧于羽郊。鲧复生禹。帝乃命禹卒布土，以定九州。”大禹在梁州“东别为沱”的方略（用人工向东开一条排水道以分洪，“沱”是上古人工水道的专名），成为都江堰开渠引水的重要启示。

鳖令　春秋时代蜀国开明王朝的开国之君，也作鳖灵，荆人。鳖令治水的传说，见于西汉扬雄《蜀王本纪》：“鳖令尸至蜀复生，蜀王以为相。时玉山出水，若尧之洪水，望帝不能治水，使鳖令决玉山，民得陆处”。东晋常璩的《华阳国志·蜀志》记为：“杜宇称帝……会有水灾，其相开明，决玉垒山以除水害。帝遂委以政事，法尧舜禅授之义，逐禅位于开明……开明位号曰丛帝”。

李冰　战国时期的水利家，对天文地理也有研究，秦国第一任蜀郡郡守，在今都江堰市岷江出山口处主持兴建了中国早期的灌溉工程都江堰（结合现今都江堰工程结构分析，可以基本确定李冰修建的都江堰由鱼嘴、飞沙堰和宝瓶口及渠道网组成），为成都平原的富庶奠定了基础。据《华阳国志·蜀志》记载，李冰曾在都江堰安设石人水尺，这是中国早期的水位观测设施。他还在今宜宾、乐山境内开凿滩险，疏通航道，又修建汶井江（今岷江支流崇州西河）、白沐江（今岷江支流邛崃南河）、雒水（今沱江支流石亭江）、绵水（今沱江源头绵远河）等灌溉和航运工程。他还修筑了一条连接中原、今四川雅安与云南的五尺道。李冰为蜀地的发展做出了不可磨灭的贡献，元明时期，四川民间始称李冰父子为“川主”，建造庙宇永远怀念他。

堰功道[1]·文翁　汉景帝末年任蜀郡郡守，创办中国第一座官办公学文翁石室，率众穿

1 都江堰市离堆公园里，建有“堰功道”雕塑群，左右排列十二尊站立青铜塑像，纪念从西汉到清代治理都江堰工程有重大功绩的十二位地方官员。

湔江口，灌溉农田上万亩，使民受益。

堰功道·诸葛亮 政治家、军事家，蜀汉丞相、武乡侯。他重视农田水利，以都江堰水利工程为治水兴农之本，调征士兵保护都江堰，并设堰官管理，为治国治军鞠躬尽瘁。

堰功道·高俭 唐初政治家、宰相。贬任益州长史时，为平息水争，他率众在导江开渠引水灌溉农田，为世人称颂。

堰功道·章仇兼琼 军事家。开元二十八年（740）为益州长史，后任剑南节度使兼西川采访制置使。他在任期内开通济堰，自新津邛江口引渠南下，灌溉农田上万亩，为后人景仰。

堰功道·刘熙古 宋太祖乾德元年（963），由兵部侍郎迁任成都知府，先后多次规划、维修都江堰水利工程，主持规划修复了几近废弃的九里防洪大堤。

堰功道·赵不忧 宋宗室，任成都路转运判官，知永康军。治理都江堰时，他将偷工减料的贪官污吏绳之以法，并亲自监督维修，使都江堰水利工程得以恢复。

堰功道·吉当普 蒙古族人，元代水利专家。元统二年（1334）任四川肃政廉访司佥事时，强调“坚筑永固”，提出用铁石浇筑鱼嘴的构想，并在今鱼嘴分水堤处铸造了一万六千斤重的大铁龟，这项改革成效卓著，铁铸鱼嘴屹立江心近百年。

堰功道·卢翊 明正德三年（1508）起，任四川按察司水利佥事。正德八年（1513），制定岁修劳役制度。他主张恢复传统的都江堰修缮方法。他题写《治水记》碑，并将李冰主张的“深淘滩，低作堰”六字诀重刻于石。著有《治水经》，被后人刻成碑文，安放于二王庙供后人遵循。

堰功道·施千祥 明嘉靖年间任四川按察司水利佥事，主管水利。他亲自参与劳作，废寝忘食。他大胆设计铸造铁牛形分水鱼嘴，为都江堰发展史上又一次铁石治水的典范。

堰功道·阿尔泰 满族人，清乾隆二十八年（1763）任四川总督。他勤政爱民，整治四川水陆交通，清除都江堰底的淤泥并在堰底竖筑石坝，令沿江上游筑堰蓄水以利春耕。

堰功道·强望泰 清道光七年至二十四年（1827—1844），18年间先后8次任成都府水利同知，是历史上任期最长的水利官员。他严格遵循“深淘滩，低作堰”的治水原则，于道光十二年（1832）在岷江安置卧铁一根，作为后世淘滩的标准。

堰功道·丁宝桢 清朝光绪二年（1876）由山东巡抚升任四川总督，上任之初岷江水患肆虐，灾后他发动数万民工大修水利工程，在都江堰岁修史上可称空前。岁修完工恰遇岷江百年大水，渠首及内江河堤多处受损，丁宝桢因此获罪，被处以连降三级、革职留用。但丁宝桢依然坚持继续督修都江堰直至完工。其后，丁宝桢官复原职。

其实，在四川从古至今漫长的治水历史里，恪尽职守、兢兢业业、为民造福的，远远不止“堰功道”上的十二位古代地方官员。在古代，历任地方长官都是江河治理、兴建水利工程的首要负责人。修建堤堰、疏通河道、扩大灌溉和防止灾害、调解水利纷争的“民生工程”中，还有不少值得大书特书的历史人物。他们治水为民的业绩，活在史籍里，他们与四川河流的故事，至今被人们称颂。

唐代剑南西川节度使高骈开西濠，成就成都“二江抱城”格局；唐代西川节度使韦皋开成都解玉溪；唐代剑南西川节度使白敏中在成都开金河（金水河）；唐代汉中刺史房琯开凿广汉房湖；唐代兵部尚书、宰相李德裕开凿新繁东湖；宋代御史、成都知府赵抃，蜀州通判陆游修建崇州罨画池；明代翰林院修撰杨慎（升庵）定居新都并扩建桂湖；明代四川巡抚谭纶、成都知府刘侃疏淘成都金河；清代四川总督年羹尧治理成都柏条河、府河河道；清代华阳知县安顺德修筑安公堤与安顺桥……

时光久远，历史长河淹没了无数丰功伟绩，但人们却将那些治水者的名讳与他们的治水业绩联系在一起，并以给水利工程命名的方式留作纪念。成都地区现存的古堰中，可以看到岁月留给我们的生动实例：位于成都市新都区的肖公堰，是明代天启年间新都县令肖济所开；位于成都邛崃高埂场的徐公堰，是清康熙四年（1665）邛崃州判徐绍湘督修的；位于成都蒲江县的张公堰，是清乾隆二十四年（1759）蒲江县令张应增所开；现在灌溉崇州、大邑、邛崃、新津10万亩良田的刘公堰，是1931年时任四川省政府主席刘文辉主持决议动工的；位于都江堰市，灌溉农田5000余亩的兴文堰（导江堰），是时任灌县水利工程委员会代理主任官兴文负责修建的。

都江堰堰功道十二塑像 供图/河研会

民间治水：前赴后继，历代不绝

治理水患，造福一方百姓，早已成为四川官民的共识。悠悠岁月，四川民间的治水活动在各江河流域、成都平原广泛开展着，感人的故事，不知凡几。

乡间普通农人筹集资金、工料来兴修和维护农村小型农田水利设施，历代不绝。如《新唐书·地理志》载："大和（828—835）中，荣夷人张武等百家请田于青神，凿山酾渠，溉田二百余顷"。

同治《嘉定府志》卷四十四载，明嘉靖四十五年（1566），峨眉大旱，百姓准备修一座堰，因为工程太大，由知县熊兆祥出面主持"立堰长两人，计旱所田，编夫十，以一人领束之，百以上，一长督之"，众志成城，功效明显。

四川盆地的丘陵地区，自汉晋以来，一直是利用潴水和陂塘池水（人工开凿的蓄水池）灌溉农田。筑堤堰陂塘，需要筹集资金、组织人工，多是集体行为。丘陵地区的广大农村个体农户，还多采用龙骨车、筒车等解决农田用水问题。嘉靖《洪雅县志》卷一载："其灌田，则田多者以桔槔以筒车，田少者以戽斗。"

又如光绪《射洪县志》卷一记载了乡人合修广寒偃的过程。"（乾隆）庚午、辛未间（1750—1751），有乡民杨莬、冯栋等跨岗之西而东穿一石洞，欲引水灌田，以力匮则止。"及至乾隆二十五年（1760），"邑令何辰见太和镇土地肥沃，水利可兴"，乃"劝民捐资为长久之计"，因杨莬、冯栋之"旧迹"重修渠偃，"二载工竣，刻碑记其事"。

地方大户或乡绅，也多有捐资兴修水利者。同治《彰明志略》卷七亦记清代彰明县（今江油市）有"姚济堰，在县西十八里"，为"明成化年间，本乡举人、云南楚雄推官姚本仁致仕后开凿"。光绪《新修潼川府志》卷四载，清三台县有"惠泽堰在县北南明镇，与绵属之马嘶渡毗连。乾隆十九年（1754），郡守费元龙、绵州牧罗克昌详请兴修，工巨费繁，历久未就。绵州诸生熊绣子升龙捐资万余，独力垫修，工始克成，计灌涪绵二属田万六千五百余亩"。民国《灌县志》卷三载有清代王泽霖《新开长同堰碑暨建祠碑》："乾隆初，吾灌自玉堂场抵太平场，沿山皆旱地，人苦于事倍功半，"十九年（1754）……予高祖天顺公暨艾文星、刘玉相、张全信诸先达呈郡守张饬邑令秦侯规画，各倡捐数百金开偃"，数年方成，"命曰长流"。复经"嘉侯履勘，谓可开至太平场下，则于长生宫后析偃为二，更号'同流'而以'长同'合名之"。

地方官中亦历来不乏捐资兴修水利设施者。如史载北宋哲宗年间，崇宁（今崇州市）司里张唐英"独立捐金"修堰，灌溉农田数千亩，人称"司里堰"。雍正《四川通志》卷十三载，元时有灌州（今都江堰市）判官张弘在吉当普大修都江堰之前，"请出私钱，试以小堰。堰成，水暴涨，堰不动"，为都江堰大修提供了依据。明末清初，战乱不休，都江堰多年失修。至“顺治十六年（1659），巡抚都御史高民瞻、监军道程翊凤暨各文武官，其捐银二千有奇，缘李冰旧制，修筑淘凿，以开民利”。同治《大邑县志》卷十五载，康熙年间，“邑旧有堤堰三十六座，导水灌田，常资修浚”，大邑知县黄藜“于春作方兴，即捐俸亲督堰长，预期修筑。终藜之任，秋成无歉”。嘉庆《四川通志·堤堰》载：“永济堰在射洪嘴，乾隆九年（1744），（遂宁）知县田朝鼎捐资创建，约灌杨渡坝田二万余亩”。

高僧大朗修偃惠民　明清之际，有高僧大朗修堰惠民，传为一时佳话。大朗和尚（1615—1685），俗名杨今玺，渝州（今重庆市）人，明崇祯朝举人。明亡后到阆中天峰寺削发为僧，属禅宗临济一脉的祖师级人物、大书法家破山海明的再传弟子，先后驻锡什邡慧堂、梁山双桂堂、大邑兴化寺、眉州清池寺、成都圆通寺、双流三圣寺。

大朗和尚常游走于村野间了解民情。他看到都江堰外江金马河之东、杨柳江之南，有一段覆盖温江、双流、新津三县，长达百余里的水利空隙地带，大片良田因田高水低而不能得到都江堰的灌溉，遂发宏愿——导渠以利民！而此时四川历经长期战乱，民生凋敝，成都平原更是“四处廓落农人稀”，荒凉不堪，地方官员无心也无力开渠治水。大朗和尚乃“托钵为行乞僧”，通过募化劝导群众支持和参与开渠筑堰。几年里，大朗和尚的行程遍及三县，方圆数百里无有不知大朗和尚之地，这些地方因此涌现了一批积极赞助者、热情宣传者、捐资带头者。

经过多年艰辛筹备与施工，一条流经温江、双流、新津三县的渠堰终于筑成，从此“温、新上下百余里，高地数万顷，资灌溉之利，虽旱不竭，悉为沃野矣”。后人感念大朗和尚功德，将他主持修建的渠堰称为大朗堰，此堰至今仍为都江堰金马河一大分水干渠，泽及周边居民。

金镯偃—郑泽偃—永和偃　三台县还流传着一个故事：几代乡民努力、历任官员尽责、水利专家助力，联合修建水利工程。

清乾隆年间，毗邻涪江的三台县民陈所伦修了一段堰渠，使用数年后便荒废了。50年后，其子陈文韬继承父志，又历经10年，凿石沟600丈，新修成一段堰渠，但仅仅3年就因为“涪江西徙”而遭废弃。

1903年，三台“冬干夏旱，连续成灾”，一些地方乡绅再次力主修堰。当时有七八千人参与施工，完成了上游22公里长的堰渠工程，名曰金镯渠，但余下工程因资金耗尽而搁置了。

1937年，郑献徵继任三台县县长，见下游的三个乡常年缺水，农忙期间常因争水发生血案，遂决定修建一条水渠，连接金镯渠和清代陈氏父子修建的堰渠。1938年，堰渠连接工程开工，由年轻的水利专家黄万里任总工程师。众人不畏艰苦，历时14个月完工，向上连通了金镯堰，向下接上了陈氏堰渠工程，灌溉区的旱地一变为水田，下游遂无用水之忧，粮食逐渐增产。工程共耗资50.6万元，其中贷款47万，剩下的部分由郑献徵变卖老家房产凑齐。堰渠竣工时，当地村民感念郑献徵功德，称渠堰为“郑泽堰”。

1951年，金镯堰与郑泽堰两堰合并，更名永和堰。后因年久而废弃。2009年，水利部立项修复永和堰。

水政管理：制度创新，成效显著

“活着的世界文化与自然双遗产”都江堰水利工程，是中国大河文明中的典型案例，除了给我们留下了富有哲理的江河治理理念、科学实用的河流治理标准、责权分明的河流行政管理制度、官民同心的江河治理共识与行动，还在2000多年的工程管理中，给我们提供了饱含智慧、科学有效的工程管理技术经验，可谓当下水利工程管理的理论指导和实践标准，尤为宝贵。

“岁修制度”推而广之 “岁修”是两千多年来都江堰工程管理制度的统称，也是蜀水治理中集大成的工程智慧体现。古代岁修，其理论依据是《水经注》载李冰所传的六字诀：“深淘滩，低作堰”；以及两句八字格言——一是“乘势利导，因时制宜”，一是“遇弯截角，逢正抽心”。而在实施中，则有“赋税之户，轮供其役”的劳动力管理办法，“官堰”岁修费用，同赋税一并征收，渠首和主要河道的修理经费均从国库中划支。

其具体工程可分为：

岁修：都江堰系统内固定的工程管理模式。利用冬春农闲水枯、劳力丰富时，进行一年一度的例行修治。一般说来，自霜降节气起开始截闸断流外江，修筑外江工程，在立春节气前完成。而后外江开放，截闸内江河口，在清明节气前完成内江下游工程。清明“放水节”时开放内江。

大修：都江堰主要工程整治或改建，大致5年一次。岁修重在分水灌溉，大修重在防洪、修建损毁较严重的工程。

特修：未到大修年限，特殊情况下修复被洪水冲毁的工程和淤塞河道。

抢修：洪水冲毁水利工程后时间紧迫的抢险临时工程。

其按照水利工程管理与开支的属性，还可分为：

省修工程：包括以都江堰为首的“官堰”渠首枢纽工程，内外江各大干渠、主要支渠及枢纽的修建与维护，由官府负责工程开支。

县修工程：主要针对“官堰”以外的地方水利工程（清代统称“民堰”）的修建与维护，一般由地方自筹经费举办，或与受益民众合作举办。有时还实施跨数县的地方水利工程。

民堰管理与时俱进　都江堰水利工程灌区面积大，除干渠以外，还有许多如“毛细血管”一般的支渠、斗渠、农渠、毛渠类“民堰”密如蛛网，这些渠堰的管理同样关系千家万户。最具特色的是民堰“堰长制”：灌区较大的民堰，设总堰长(或称堰总），下有堰长（或称散堰长）、沟长（或称小堰长）组成工程管理组织，负责征收钱物、工程维修、调配水量、解决纠纷。堰长人选一般都通过民主协商或选举决定，多为一年一任。

都江堰内江水系　摄影/孙吉

从"都江堰"到"活水公园"：四川治水模式的时代递进

2010年，第41届世界博览会在上海召开。本次世博会也是由中国举办的首届注册类世界博览会，主题为"城市，让生活更美好（Better City, Better Life）"。世博会的蓝色吉祥物名叫"海宝"，主形态就是水。在上海世博园"城市最佳实践区"里，成都活水公园案例——"活水文化，让生活更美好"，作为城市实践区中唯一的室外案例，引起了广泛关注。世博会结束后，来自长江上游岷江流域成都市的这个案例，作为永久展示项目，以"活水公园"的街道名称留在了长江下游入海口的上海市。

活水公园，是四川江河治理中一个跨时代的标志。它是世界上第一座以水为主题的城市生态环境公园，位于成都市中心府河畔，修建于1993—1997年，是成都市"府南河综合整治工程"一期工程的重要成果，是具国际知名度的环境治理成功案例，1998年获"国际优秀水岸设计最高奖""国际环境地域设计奖"。活水公园占地24000多平方米，整体呈"鱼"形，象征活力和健康，取府河水，从"鱼头"依次流经厌氧池、流水雕塑、兼氧池、植物塘、植物床、养鱼塘等水处理、水净化系统，除去有机污染物、重金属后，在"鱼尾"再回到府河中，向人们演示了水在自然界由"浊"变"清"、由"死"变"活"的生命过程。

活水公园的规划设计是由成都市政府组织国内外有关专家、地方有关部门施行的一次国际间的通力协作，参与者有府南河工程管理、园林规划、湿地生态学与湿地建设、防灾等部门的专家和雕塑艺术家。美国环境艺术家、擅长于水处理项目的贝西·达蒙（Betsy Damon）和景观设计专家麦琪·鲁迪克（Magie Rulldick）为主要设计者。

从古老的"都江堰水利工程"，到新时代的治水典范"活水公园"，四川治水文化经历了不同的时代，具有了不同的阶段性特征，涌现出了不同的代表人物和典型事件。

上海世博园“活水公园” 摄影/华桦

治水文化0.5版（古蜀时期）：避水除害

在“逐水而居”的古蜀时代，面对洪水袭来的滔天巨浪，治水的根本目是躲避洪水、消除水害。现存的成都平原八大史前古城址，可以证明当时蜀地的治水已经从以堵为主的“堙填”“壅防”，进步到了以疏为主的“疏通”“引导”，实现了人水自然和谐相处。

《禹贡》称，大禹在“梁州”（今成都平原）治水时，采取的主要治水策略是“岷山导江，东别为沱”，意为用人工向东开凿一条泄洪道，以利分流洪水，这里的“沱”既指地理概念上的“回水沱”，也专指上古时的人工水道。而“导”与“别”的基础条件是遵循四川盆地与成都平原特殊的地理环境，“导”与“别”除了昭示人为的介入，还蕴含深刻的哲学含义：顺应江河水势，顺应自然规律，顺应历史发展。

据《水经注·江水》记载，“江水又东别为沱，开明之所凿也”。蜀地继大禹治水后，古蜀开明王朝鳖令治水，再一次延续了“导”与“别”的治水策略。这对后期李冰治水有着重要的启迪。西汉扬雄在《蜀王本纪》中记载了这一历史事件：“时玉山出水，若尧之洪水，望帝不能治。使鳖令决玉山，民得陆处”。

治水文化1.0版（公元前316年—1949年）：从消除水害到灌溉兴利

秦灭巴蜀后，秦国对蜀地的统一开发、技术的引进、铁器的使用，促进了治水事业的发展。李冰治水，都江堰横空出世这一历史事件，成为蜀水文化史中重要的“分水岭”，并影响了此后两千余年的蜀地治水，一直延续到民国时期。治水目标也从消除水害为主，转为引水灌溉为主、兼顾交通便利和城镇民众生活。蜀水文化在治水工程的基础上变得更加丰富多彩。这一时期是蜀水文化中治水活动延续时间最长的一段历史。

秦汉魏晋南北朝时期[1]

秦国李冰修建都江堰，开成都二江（捡江、郫江）、造七星桥、导雒水、通文井江；西汉文翁穿湔江口（今成都彭州），扩建都江堰灌区，发展小型水利工程；新津兴建岷江引水工程通济堰（六水门）；三国时诸葛亮在成都派兵守护都江堰，并在成都主持修建"九里堤"以防治水患，相传诸葛亮还在奉节用竹筒接引山泉入城。《水经注》载，益州刺史鲍陋为解决城市水源，"凿石为函道，上施木天工，直下至江中"。这是四川机械提水的最早记录，为四川丘陵地区引水灌溉提供了新思路。

唐宋时期

这一时期是蜀水文化发展的高峰期。由于大量北方流民进入巴蜀并定居于四川盆地及峡江流域，水稻种植遍布四川的河谷与平原地区，对水利工程的需求大大增加。蜀地灌溉地区从成都平原向涪江流域的绵州（今绵阳）、岷江冲积平原的眉州（今眉山）延展，在四川盆地中部及南部，沱江、嘉陵江、长江（金沙江）等河流纵横形成的冲积平原和河谷，也有大量水稻种植区。治水带来的繁荣，逐步造就了岷江流域"成都平原天府之国"、雅砻江流域"安宁河谷米粮仓"、嘉陵江支流渠江流域"川东北粮仓"、沱江流域富产"粮油盐糖酒"等。

水利工程，在这一时期分为三类：

扩建整修 主要指都江堰灌区扩建：贞观元年（627）益州长史高俭扩建都江堰；至宋代，都江堰灌溉水系已经形成三大干渠、十四支渠、九个堰和无数小渠协同灌溉的格局，灌溉区域遍布川西平原。宋代还整修了通济堰、蟆颐堰，新修了射洪、三台的涪江堤防。

兴建 仅涪江流域就修建了大量灌溉渠：贞观六年（632）绵州修洛水堰；永徽五年（654）绵州罗江修芒江堰；垂拱四年（688）绵州重开广济陂故渠等。成都平原也在此时期广建、重修各种堤堰：唐僖宗时期，眉州刺史张琳重修开元时期兴建的远济堰，现为新津—眉州—彭山通济堰、眉州青神鸿化堰等。

引水蓄水 四川盆地丘陵地区的引水工程，在唐代开始采用机械引水、竹筒引水方式。至宋代，四川的一些丘陵地区更多采用兴建陂塘、蓄水池的方式，解决农田灌溉和生活用水之需。

---

1 在本文中，该分期有特殊意义，时间上限向前延伸至公元前316年。

这一时期，水行政管理和治水制度逐步完善，各流域水利建设蓬勃发展，不同江河汇合的中心城市和乡镇水利建设繁荣发展。典型实例有：唐代高骈在成都筑罗城改郫江，使成都原来的“二江珥市”格局变为“二江抱城”格局，并延续至今；宋代因成都平原没有经历大的战争，都江堰和通济堰发挥积极作用，耕地面积和农业产量几乎和长江中下游地区不相上下；长江上游的岷江段历来有水利运输便利，经过历年整治岁修的都江堰干支渠几乎都是通航水道，世界最早的纸币——交子在成都诞生、流通，使得沿河乡镇集市物流商贸欣欣向荣。

治水文化带来蜀地城市发展，一些四川江河干流、支流汇合处和沿江的大城市和重要乡镇逐渐形成规模，成为地方政治、经济、文化的中心，如岷江流域的成都（古称益州）、彭山（古称武阳）、眉山（古称眉州）、乐山（古称嘉定，岷江、大渡河、青衣江交汇处）、宜宾（古称叙府，金沙江、岷江交汇处），沱江流域的广汉（古称汉州）、金堂（沱江源头交汇处）、简阳（古称阳安）、内江（古称汉安）、自贡（古称富世）、泸州（古称江阳，长江、沱江交汇处），嘉陵江流域的广元、剑阁、阆中（古称保宁）、绵阳（古称绵州）、遂宁、合川（古称垫江，嘉陵江、涪江、渠江交汇处）、达州（古称通州，嘉陵江、渠江交汇处）等。

元明清时期

元明时期的蜀地治水，因历史发展的特殊性、古代科技的不断发展而打上了鲜明的时代印记。

一是实施“屯田制”。宋元交替时期，四川是蒙古汗国（元）与南宋交锋的主战场，长期的战争使四川经济遭受极大破坏，人口锐减，经济衰败。蒙古大军南下占领四川地区后，实行“屯田制度”（包括军屯、民屯），整修水利设施、开垦荒山荒地、改良稻种、引种棉花等，使耕种面积和生产稍有恢复，但仍未达到南宋的规模和水平。元末明初、明末清初的两次“湖广填四川”移民活动使得四川的劳动力迅速增加；明代，“屯田制”继续大力发展，四川耕地面积逐步恢复并扩大，水利建设也进入了新阶段。

二是“铁石之争”，也称为“软硬堰之争”。在都江堰传统治水方式中，筑堤堰、护岸、挡水坝时一般采用“竹笼卵石”方式，按需求可以叠成各种形态，俗称“软堰”；后世则出现了采用铁石结构的“硬堰”。据记载，早在唐代就出现了硬堰。元顺帝至元元年（1335），蒙古人吉当普在主持都江堰岁修工程中，第一次改造枢纽工程，变“竹笼卵石”为“铁锭砌石”，减少了工程量，效果显著。但由于“铁石结构”的新工程寿命较短，约为40年，一次投入多，引起广泛争议。主张使用“铁石硬堰”并实施的有：元至元十二年（1275），秦蜀道按察副使李秉彝整治都江堰用“铁锭砌石”，“费省而利兴”；明建文年间（1399—1402），灌县知县胡光主持都江堰特修，采用铁石结构，用石料浆砌鱼嘴，铁锭锚接，铁柱固定；明嘉靖二十九年（1550），四川按察司水利佥事施千祥主持特修都江堰，大胆设计铸造铁牛型分水鱼嘴。主张使用软堰旧法的也不乏其人：明正德八年（1513），四川按察司佥事卢翊主持都江堰岁修，认为自古实施的竹笼卵石结构省工省费，便于操作，在蜀成王朱让栩的支持下，在施工中全部恢复了竹笼工程，并采用岁修劳力和亩产挂钩的办法，组织劳力分班服役，修堰后效果较好，灌区连年丰收。

清光绪三年（1877），四川总督丁宝桢总结梳理历代治水经验和教训，采取结构改造和易“笼石”为“砌石”的方法，两次大修都江堰，经历曲折。1877—1878年，大修工程将以往的竹笼卵石变为条石修砌，再用铁链将条石连接起来，用桐油石灰（古代混凝土）填入缝隙，加固堤堰，避免年年拆修。这一方法被称为“石壁铁链”法。以此法修建的大小鱼嘴被后人称为“丁公鱼嘴”，民国年间仍在使用。1878年夏季，大修完工不久的工程遭受特大洪水，岷江巨石随洪流而下，将内外金刚堤、人字堤等部分冲毁，造成内江无水，丁宝桢也因此被连降三级，革职留用。但当年11月，丁宝桢即再次组织人员修复被毁工程，完工后再遇洪水，工程无恙。

民国时期

这一时期是四川治水重要的转折阶段，古代水利逐步发展为现代水利，呈现出新特点：农业水利因四川水利部门的设立得到高度重视，出现了许多具有水利专业知识的技术人才，治水工程中大量采用现代科学技术和新材料，施工具有翔实的考察、严谨的规划和规范的图纸。

例如，民国二十一年至民国三十八年（1932—1949），毕业于北洋大学的成都水利公署知事周郁如第一次在都江堰大修中使用水泥（俗称“洋灰”）夯筑鱼嘴基础，后又用水泥筑飞沙堰坝心墙等；民国二十五年（1936），邵从燊任四川水利局局长，主持勘察江河水道，绘制平面、横断面、纵断面图，大力选拔引进日、德、美专家来川工作；郑献徵任三台县县长期间，修筑郑泽堰，引进水利技术专家黄万里、曹瑞芝、王洪遇等人；毕业于日本东京帝国大学土木工程专业的张沅担任四川省水利知事期间，三次主持大修都江堰，采用了现代科技和钢筋水泥固定鱼嘴；爱国实业家、民生公司创始人卢作孚，曾任四川建设厅厅长，将四川江河分为三个水文区（第一区为岷江，第二区为大渡河、马边河、青衣江，第三区为嘉陵江、乌江），在四川建立了第一批江河水文测站；毕业于德国柏林大学机械系的川康经济技术室主任税西恒，在泸州修建了国内第二座、四川第一座自行设计施工的水电站——洞窝水电站。

全面抗战时期，四川的水利工程因为有了银行贷款支持，先后在遂宁、三台、峨眉、绵阳、洪雅、青神等地进行了大量水利工程建设；抗战结束后，四川还陆续在梓潼、乐山、彰明（今江油）、内江、犍为、邛崃等地兴建水利工程。1947—1949年，四川修建的大型水利灌溉工程一共可以灌溉农田十万亩以上。

治水文化2.0版（1949年—2012年）：建设开发、江河治理

每个时代都应有自己的发展目标、历史责任和环境使命，水利建设开发和江河治理也不例外。现代人在真正理解历代治水给我们留下的宝贵遗产“因势利导、适度开发”后，再重温“水是生命水，河是母亲河”的警示，应该有自己的反思。

1949—2012年的60多年间，中国经济大致经历了国民经济恢复和过渡阶段、在探索中曲折发展、改革开放和社会主义现代化建设。“四川治水”则处于大环境下的江河开发“大干快上”阶段。这一时期的特点可以概括为“开发大于治理，索取多于保护”。

一是大力兴建水利工程，形成了“千军万马干水利”的态势。截至2013年底，60多年来四川共建成水利工程117万处，有效灌溉面积达到4312万亩，是1949年的4.39倍。其间重大水利工程有：1952年岷江流域都江堰灌区兴建人民渠（跨岷江、沱江、涪江流域，控灌农田390万亩）；1956年兴建东风渠（跨岷江、沱江流域，穿龙泉山脉，控灌农田300万亩）；20世纪70年代，引水兴建三岔水库、石盘水库、黑龙滩水库；1988年涪江流域复建被誉为“第二个都江堰”的武都引水工程，控灌绵阳、遂宁、南充、广元四地的农田228万亩；1993年安宁河流域兴建了大桥水库；2009年嘉陵江流域兴建了集防洪与灌溉功能于一

体的亭子口水库，控灌316.85万亩农田，并为灌区内营山、岳池、仪陇等城镇工业和生活用水以及农村人畜饮水提供水源保障；2001—2005年，岷江上游，都江堰上方9千米处，修建了紫坪铺水库，这是一座以灌溉和供水为主，兼有发电、防洪、环境保护、旅游等综合效益的水利工程。

二是加快发展水力发电。四川水力资源的蕴藏量极其丰富，是当之无愧的水力资源与水电开发大省，理论蕴藏量达1.435亿千瓦，在全国各省级区域中仅次于西藏；而若论开发的条件与可开发的水力资源量，四川当居中国第一，是中国水电开发最重要的基地，在中国各省区中居首位。四川主要江河上，已经建成和正在兴建的大型电站几近“饱和”（详见附录中的《四川长江—金沙江干流及主要支流水电开发概览》）。

兴修水利工程、大力发展水电，给四川经济带来了丰厚收益，“治水兴蜀”经济效益显著。水利设施的兴建、改建，改善了农村与城市用水，也为民众生活带来了便利，“治水惠民”真实体现。

但同样不可忽视的是，这一阶段，我们正在面对“大干快上”“过度开发”带来的诸多副作用乃至危害，“水安全”“水危机”正在向我们提出警示：江河水能开发几尽（国际公认的水资源开发利用警戒线为40%，我国平均利用率约为25%，但南北差异较大，《中国水法》亦将40%作为长江流域警戒线，处于长江上游的四川江河开发利用已接近警戒线）、森林砍伐引起水土流失、河床干涸断航、气候变化造成地质及水旱自然灾害频发、经济发展中的工业污染和农村面源污染扩散（江河污染）、城镇人口急剧增加带来用水矛盾（我国淡水资源总量占全球水资源6%，但人均水资源只有2200立方米，仅为世界平均水平的1/4，在世界上名列百位之后，是全球人均水资源最贫乏的国家之一），以及水源涵养地森林资源破坏（荒漠化、沙尘雾霾）、生物多样性破坏（特有鱼类消失）等。

新的“治水难题”摆在新一代“治水人”面前。

成都平原的河流治理，如已故水利专家熊达成总结：经历了“因水而兴、因水而荣、因水而困、因水而发”的过程，面对因经济与城市发展带来的“河流问题”和“水危机”，理性决策，着重河道治理，“十年治水”，走出了一条新时代“城市治水”的新路。

府南河综合整治工程

1993年1月27日—1997年12月27日，府南河综合整治工程一期工程共完成防洪、环保、道路管网、绿化、安居、文化等六项工程。整治一新的府河、南河防洪水平能抵御200年一遇的洪水，540家污染企业搬出，建成25千米排污管道，开辟绿地25公顷，10万沿河居民搬进新家，营造了活水公园，重建了安顺廊桥，复建了合江古亭，再现“锦江”昔日美景。1998—2002年，二期工程完工。该工程先后获得联合国三项大奖：“联合国人居奖”“地方政府首创奖”“改善居住环境最佳范例奖”。

沙河综合整治工程

2001—2004年，成都市实施沙河综合整治工程。按照生态河道的理念设计，纵向保持河道自然河势，横向采用梯形断面，沿岸形成300多公顷绿地，乔木、灌木、花卉、草坪交织成立体绿色景观。2006年，该工程荣获“国际泰斯河流奖”。

中心城区水环境综合治理

2002—2005年，成都市启动中心城区的水环境综合治理，对435条中小街道进行雨污水改造；对29条中小河道进行综合整治；新建3个污水处理厂；对10841户河流排水户实施雨污水分流改造。2006—2009年，水环境整治由干流向支流扩展，由局部向全流域扩展，分3年完成了辖区内62条中小河流的综合治理。

这一时期，一项国家重大工程的实施和一部法律的颁布，对全国江河治理、水资源合理利用和环境保护，尤其对长江上游四川水资源的有序开发，影响深远。

“天保工程”实施

“天保工程”即天然林资源保护工程。1998年，天然林资源保护工程开展试点工作。2000年12月1日，国家林业局、国家计委、财政部、劳动和社会保障部联合下发《关于组织实施长江上游、黄河上中游地区和东北内蒙古等重点国有林区天然林资源保护工程的通知》，天然林资源保护一期工程全面启动。一期工程涉及长江上游、黄河上中游、东北地区及内蒙古自治区等重点国有林区17个省(区、市)的734个县和167个森工局。长江上游地区以三峡库区为界，包括云南、四川、贵州、重庆、湖北、西藏6省（区、市）。2010年实施二期工程。“天保工程”是具有划时代意义的重要里程碑：我国林业发展战略从以木材生产为主向以生态建设为主转变，最宝贵的天然林资源开始得到有计划保护。截至2019年，国家累计投入4000多亿元，采取“停、减、管、造”和政策扶持、财政补助、减免债务等措施，天然林保护工程累计完成公益林建设任务2.75亿亩，近20亿亩天然林得以休养生息，天然林面积增加了数千万亩，森林资源持续增长，生物多样性得到有效保护。

《中华人民共和国水法》施行

2002年10月1日，《中华人民共和国水法》正式施行。这是为合理开发、利用、节约和保护水资源，防治水害，实现水资源的可持续利用，适应国民经济和社会发展的需要而制定的法规。该法于2002年8月29日第九届全国人民代表大会常务委员会第二十九次会议修订通过，于2016年7月2日第十二届全国人民代表大会常务委员会第二十一次会议完成第二次修正。

治水前瞻（2012年至今）：珍水爱水、环境修复

“绿水青山就是金山银山”。

2005年8月，时任浙江省委书记习近平在浙江湖州考察，首次提出“绿水青山就是金山银山”这一科学论断。坚守“绿水青山就是金山银山”的理念，就必须加强环境的治理与生态的修复，恢复绿水青山。

2017年10月18日，习近平总书记在党的十九大报告中指出：“坚持人与自然和谐共生”“必须树立和践行绿水青山就是金山银山的理念，坚持节约资源和保护环境的基本国策，像对待生命一样对待生态环境，统筹山水林田湖草系统治理，实行最严格的生态环境保护制度，形成绿色发展方式和生活方式，坚持走生产发展、生活富裕、生态良好的文明发展道路，建设美丽中国，为人民创造良好生产生活环境，为全球生态安全作出贡献”。

从过度开发到环境保护，从环境修复到人水和谐，成为此阶段中国、四川“治水策略”的出发点。四川江河治理，“理性开发、依法治理、生态修复、环境友好”前景可期。

水资源管理“三条红线”和“节水城市”

2012年1月，国务院发布《关于实行最严格水资源管理制度的意见》这一我国水资源工作的纲领性文件，对解决我国复杂的水资源水环境问题，实现经济社会的可持续发展具有深远意义和重要影响。2013年1月2日，国务院办公厅发布《实行最严格水资源管理制度考核办法》，提出“实行最严格的水资源管理制度，以水定产、以水定城，建设节水型社会”。“三条红线”为：一是确立水资源开发利用控制红线，二是确立用水效率控制红线，三是确立水功能区限制纳污红线。

全面实施“河长制”

“河长制”，即由各级党政主要负责人担任“河长”，负责组织领导相应河湖的管理和保护工作。2016年12月，中共中央办公厅、国务院办公厅印发《关于全面推行河长制的意见》，从突击式治水向制度化治水转变。2017年元旦，习近平总书记在新年贺词中发出“每条河流要有‘河长’”的号令。截至2018年6月底，全国31个省（自治区、直辖市）已全面建立河长制，共明确省、市、县、乡四级河长30多万名，另有29个省份设立村级河长76万多名，打通了河长制“最后一公里”。2017年2月，四川省委、省政府印发《四川省贯彻落实〈关于全面推行河长制的意见〉实施方案》，全面推行“河长制”。

“河长制”主要任务包括六个方面：一是加强水资源保护，严守“三条红线”；二是加强河湖水域岸线管理保护，严禁侵占河道、围垦湖泊；三是加强水污染防治，排查入河湖污染源，优化入河排污口布局；四是加强水环境治理，保障饮用水水源安全；五是加强水生态修复；六是加强执法监管，严厉打击涉河湖违法行为。

四川立法治理水污染

这一阶段，四川全面推进江河治污立法与跨流域联合执法。

2011年，四川省政府印发《大渡河重点流域水污染防治专项规划（2011—2015年）四川省实施方案》。

2017年1月，《四川省岷江、沱江流域水污染物排放标准》正式实施。

2018年12月4日，四川省十三届人大常委会第八次会议首次提请审议《四川省沱江流域水环境保护条例（草案）》，这是四川第一次针对单独流域立法；2018年，广元市与甘肃省陇南市签订环境执法联动协议，共筑嘉陵江、白龙江上游生态保护屏障。

2019年1月1日，《雅安市青衣江流域水环境保护条例》正式实施，这是四川省范围内首部流域水环境保护地方性法规；2019年3月—5月，四川省印发《岷江、沱江、涪江流域水污染防治专项执法检查方案》，首次跨流域专项执法；2019年4月，四川、甘肃两省河长制办公室在成都举行联席会议，实施黄河流域9条支流跨省域联合治理、联合执法；2019年9月23日，《四川省大渡河流域突发环境事件联防联控合作协议》签订，进一步推进了青衣江、大渡河流域突发环境事件的联防联控；2019年11月7日，四川召开全面落实河湖长制推动黄河流域生态保护和高质量发展工作会，明确17项修复保护四川黄河流域生态环境任务及分工。

2020年4月，四川省河长制办公室、重庆市河长制办公室联合发布《川渝跨界河流管理保护联合宣言》，强调共同深化河湖长制合作，设立川渝联合河长制办公室。

四川各大江河流域相继推出环境治理与环境修复专项措施

金沙江流域 全面划定生态保护红线，推进污染治理，重点治理水土流失，建设生态环境监测网络，加大森林资源管理和督查力度。与云南省合作加大对金沙江流域森林资源修复、管理和督查的力度：依托“三生态一多样性”重点生态保护建设工程，实施珍稀树木、碳汇造林、血防造林、造林补贴、国家储备林等项目，相继开展营造人工林、森林抚育、义务植树、石漠化综合治理。

岷江、沱江流域 开启“水生态综合治理工程”，全面推行水污染防治。岷江、沱江中上游7市州（成都、德阳、乐山、雅安、眉山、资阳、阿坝）共同签署《建立岷江、沱江河长制工作协调机制 联动推进流域水生态管理保护合作协议》和《岷江、沱江河湖长制工作联席会议制度》，建立起目前四川省覆盖区域最大，跨区域水环境、水生态综合治理的协调机制。

嘉陵江、涪江、渠江流域 加强污水治理，打击非法采矿行为，开展国控出川水质断面污染源综合整治，并与陕西、甘肃两省签订环境执法联动协议，设立川渝河长制联合推进办公室，协调解决跨区域、跨流域、跨部门的重点难点问题，保护水资源，防治水污染，改善水环境，修复水生态。

大渡河、青衣江流域 重点控制重金属污染，着力解决因水电梯级开发带来的生态退化、生物物种（鱼类）灭绝、农业面源污染等问题，并建立了流域突发环境事件联防联控机制。

雅砻江流域 开展水土流失的大规模综合防治，形成环境综合保护体系，有效保持水土，控制风蚀和荒漠化，改善生态环境。同时加强渔政执法力度，保护鱼类栖息地，建立鱼类繁殖和放流站。

黄河流域四川段 针对流域生态脆弱、草原沙化面积扩张、局部湿地面积减少、过度放牧、流域内采砂、不当旅游开发等现象，实施重点措施：建立湿地保护区；禁牧封育；与甘肃建立河长制工作联席会议协调机制，跨境治理河流生态；与青海建立了交界地带林区巡防工作机制。

成都市积极探索城市水环境修复

2013—2017年，成都市被列为全国水生态文明试点城市；2017年6月完成试点任务，由水利部长江水利委员会验收。

2012—2017年，启动城区“环城生态区”建设，“六湖八湿地（水生作物区）”工程规划方案为沿绕城公路两侧，傍河造湖，形成环城湿地生态。

2014—2016年，成都市市郊各区（市）县建成一批湿地景观：双流区白河湿地群、青白江区凤凰湖湿地、新津区白鹤滩国家湿地公园、新津区斑竹林湿地公园、崇州市桤木河湿地等。

2017年，随着简阳市被划入成都市域，成都城市布局从原来的“两山夹一城”转变为“一山连两翼”。3月28日，成都龙泉山城市森林公园建设启动，龙泉山的总体定位由原来的生态屏障升级为“世界级品质的城市绿心”，将形成以龙泉山为主体，以三岔湖、龙泉湖、翠屏湖为代表的龙泉山生态区域，总面积约1275平方千米。

2018年2月11日，习近平总书记赴四川视察，在天府新区调研时首次提出“公园城市”全新理念和城市发展新范式，将“城市中的公园”升级为“公园中的城市”，形成人与自然和谐发展新格局。公园城市的内涵是：绿水青山的生态价值、诗意栖居的美学价值、以文化人的人文价值、绿色低碳的经济价值、简约健康的生活价值、美好生活的社会价值。

2019年1月14日，成都市公园城市建设管理局挂牌成立。

大邑新场古镇，始建于东汉，被誉为“南方丝路第一场” 摄影/华桦

岷江河谷与羌寨 摄影/魏伟

護河

四川江河治理的决策、图景和公众参与

或坐而论道，或作而行之。

——《周礼·冬官·考工记》

他们是普通村民、他们是普通市民、他们是环保志愿者、他们是水利工程专家——他们是关心环境的每一个人。从“为下游守好水”的“阿坝好人”王一中，到自发成立的“饮用水水源地女子护水队”；从成都土生土长的“河流爷爷”陈渭忠先生，到美国的水行为艺术家贝西·达蒙女士，他们对环境、对河流的情感与行动，必将感召更多的人一起行动。

通过本书介绍的几个案例，我们可以真切地感受人对环境的友好与善意，以及竭尽所能守护千年水城、建设美好家园的行动力。因为平凡，所以更让人感动。每一个人都像一滴水，可以汇成汪洋；每一个人都像一滴水，可以反射光明。

可以坐而论道，亦可起而行之；

需要坐而论道，更须起而行之。

成都合江亭，左为南河、右为府河 摄影/周筱华

府南河：十年治河、卅年思考——

“因水而兴、因水而荣、因水而困、因水而发”的现代治水历程

文/张承昕

“府南河综合整治”时间轴

20世纪70年代

成都城市化进程加快，人口快速增长，农业和工业用水急剧增加，府南河变成了城区纳污水道，水环境严重恶化。

1985年7月

《成都晚报》刊登龙江路小学生致市长公开信，呼吁“救救府南河”，号召治理城区河流。

1992年底

成都市出台《关于加快实施府南河综合性整治工程的决定》，整治府南河被列为成都市政府一号工程。

1992年—1993年1月

前期准备阶段，主要规划防洪、环保、道路管网、绿化、安居、文化等六项建设。

1993年1月27日

“府南河综合整治工程”一期工程动工。

1997年12月27日

一期工程完工，历时5年，耗资27亿元，治理府河约8千米、南河约6千米。

1998年

“府南河综合整治工程”二期工程动工。

1998年—2000年

成都因府南河综合整治工程先后荣获联合国颁发的“联合国人居奖”“地方政府首创奖”和“改善居住环境最佳范例奖”。

2002年

二期工程完工，历时5年，耗资15.5亿元，治理上至柏条河（府河分水口）、下至黄龙溪（府河从此流出成都市）的24千米河道及支流河道。

2005年5月

四川省政府批复同意将府河洞子口至彭山县（今眉山市彭山区）江口镇约97.3千米的河段更名为锦江。

2017年6月

成都启动《实施“成都治水十条”推进重拳治水工作方案》（简称“成都治水十条”）。

2017年底

锦江水生态治理和锦江绿道建设两项重点工程在成都启动。

府南河综合整治工程是20世纪90年代成都市政府的一号工程。一期工程涉及流经成都市主城区的长约8千米的府河河段、长约6千米的南河河段，于1993年正式破土动工，1997年竣工，历时近5年。二期工程向府南河上下游及支流延伸，于1998年动工，2002年完工。十年治河，改善了成都市千年“两江抱城”格局的水环境。

工程背景：“濯锦之江”何时水波归来?

府河和南河是流经成都城区的两条主要河流，属长江上游岷江水系。公元前256年左右，李冰修建都江堰，除渠首工程外，其还在下游开凿河道，“穿两江成都之中”，这就是府河、南河的雏形。公元876年，高骈改郫江，使成都府河绕城北城东而流，南河绕城南而流，同时复“开西濠（西郊河）”连接府河、南河，使其“环城为圈”，形成“两江抱城”的格局，至今已逾千年。

历史上，府河、南河水量充沛，水质优良，具有航运、灌溉、行洪、供水、水产供给、防御及游乐等多种功能。《马可·波罗行纪》在“成都府”一章中写道：“……有一大川，经此大城。川中多鱼，川流甚深，广半哩……水上船舶甚众……商人运载商货往来上下游，世界之人无有能想象其盛者。”这是多么繁荣壮丽的景象。成都因水而兴，因水而荣，成了中国内陆经济和文化十分发达的大都市，史称“扬一益二”。

可是，到了二十世纪七八十年代，随着城市规模的扩大，人口的膨胀，经济的迅猛发展，府南河成了纳污的水道。府南河的水源自岷江，岷江水量却日益减少，其年径流量从20世纪30年代的174亿立方米降至20世纪末的107亿立方米，减少了40%，府南河在枯水期几乎断流。没有了维持健康生态的基本流量，河流丧失了自净能力，成都的水环境恶化现象越来越严重。在整治工程开始前，府南河的衰败状况表现为以下两点。

一是河道狭窄，淤塞严重，堤防破败，防洪能力不足。1950年以来，成都发生过十余次洪水，平均每隔五六年就发生一次较大的水灾。最严重的一次发生在1981年7月13日，洪水冲毁房屋，原安顺桥垮塌，伤亡上百人。

二是水质恶化，污染严重。在主城区约14千米长的府南河两岸，有650余个排污口，每天向河里排放污水约60万吨。到了秋冬枯水季节，河水发黑发臭，鱼虾绝迹，河里全是劣Ⅴ类污水。其不但影响本市环境，还会危害下游广大地区的居民。

针对这种触目惊心的情况，广大群众强烈要求整治府南河。其标志性的事件是龙江路小学学生致信市长。1985年7月，一群龙江路小学的小学生，在老师带领下沿河步行考察并形成报告，他们联名写信给市长，发出“救救府南河”的呼吁，引起了社会和政府的震动。1992年底，成都市出台《关于加快实施府南河综合性整治工程的决定》。成都市政府把府南河整治工程列为一号工程，打响了整治河流的战斗。1992年至1993年1月，为前期准备阶段；1993年1月，一期工程动工，经全市人民同心合力，至1997年底，完成了城区中心段约14千米河道的整治任务。1998年至2002年，为工程延伸整治阶段（二期工程）。十年治河，经全市人民同心合力，成都水环境得到了有效改善，成都也因该项目先后荣获联合国颁发的“联合国人居奖”“地方政府首创奖”和“改善居住环境最佳范例奖”等多项国际大奖，蜚声中外。2005年，府南河更名为锦江。

府河古佛堰，始建于1763年，位于双流黄龙溪镇 摄影 / 华桦

1905年府南河望江楼至锦官驿河段岸边停泊的四川总督官船 摄影 / 【日】山川早水

工程实施：
“治水安居”，还蓉城美丽的“翡翠项链”

府南河综合整治工程基本思想和理念

府南河综合整治工程的理念，与1992年在巴西里约热内卢举行的联合国环境与发展会议制定的《21世纪议程》，以及1996年在土耳其伊斯坦布尔举行的联合国第二届人类住区会议发布的《人居议程》的内涵高度契合。《21世纪议程》制定了可持续人类居住区建设框架，《人居议程》的主题则是“人人享有适当的住房”和“城市化进程中人类居住区的可持续发展”。府南河综合整治工程的规划设计和施工实践，因地制宜地践行和完成了上述理念和目标，取得了良好的效果，主要体现在：

①强调工程内容的综合性，以治水为核心，带动全面的城市环境建设和城市基础设施建设。

②以改善两河沿岸生态环境为工程重点，努力建设由水体及绿带组成的两河生态圈，使府南河成为环绕成都的翡翠项链。

③发掘、继承、发扬成都2300年的历史文化传统，突出地方特色。

沙河塔子山大桥 摄影 / 华桦

府南河综合整治工程基本内容

府南河综合整治工程由六个子工程组成，包括防洪工程、环保工程、安居工程、道路管网工程、绿化工程、文化工程。

防洪工程

通过加宽河道、加固堤岸、疏浚淤积、排除行洪障碍等措施，将府南河行洪能力从每秒600立方米提高到每秒1300立方米，防洪标准从防御5年一遇洪水提高到防御200年一遇洪水。

环保工程

处理沿河1006家排污企业。根据实际情况，关闭488家企业，技术更新改造478家企业，迁走40家企业。同时，处理河道两岸的污水管，清除排污口，并扩建污水处理厂。污水厂的污水处理能力从每天10万吨增加到每天40万吨（现在已增加到每天100万吨以上）。

府南河望江楼公园河段 摄影 / 周筱华

安居工程

实施沿河3万户10万居民的住房更新工程。10万居民告别破败的棚房，搬到新建的24个住宅小区，拥有了自己宽敞明亮、卫生设施齐全的住房。工程完成后，沿河居民人均居住面积增加1.4倍以上，向联合国《人居议程》中“人人享有适当的住房”的目标迈进了一大步，真正将实现社会公正融入工程之中。

道路管网工程

沿河修建道路35千米，形成沿河环路。新建桥梁36座。同步埋设了自来水、天然气、电力、通信等管线，提高了城市综合服务能力。

绿化工程

沿河开辟26公顷公共绿地和16个公园。绿化设计将园林文化、水文化、古蜀历史文化和现代城市文化组合交织，体现出风格多样性和公众可达性，使府南河两岸成为多姿多彩的生态保护圈和文化氛围浓郁的风景游览带。在新建的16个公园中，有一个极具特色的主题公园——活水公园，它由中、美、韩三国的专家联合设计，占地2.4公顷，集环境教育和休闲娱乐于一体，不但展现出水自然净化的过程，而且极具观赏性，已成为对公众进行环境教育的基地。

文化工程

成都市是历史文化名城，府南河沿线是成都历史文化重要的积淀地。整治工程致力于将两河的自然景观和人文景观有机结合，以水和绿地为依托，以成都4500多年文明史和2300多年建城史为内容，以雕塑艺术为主要手段，同时注意保护河边古树名木、典型民居，以及有历史价值的桥梁，串联沿河名胜古迹，形成两河环境艺术圈和文化风景线。

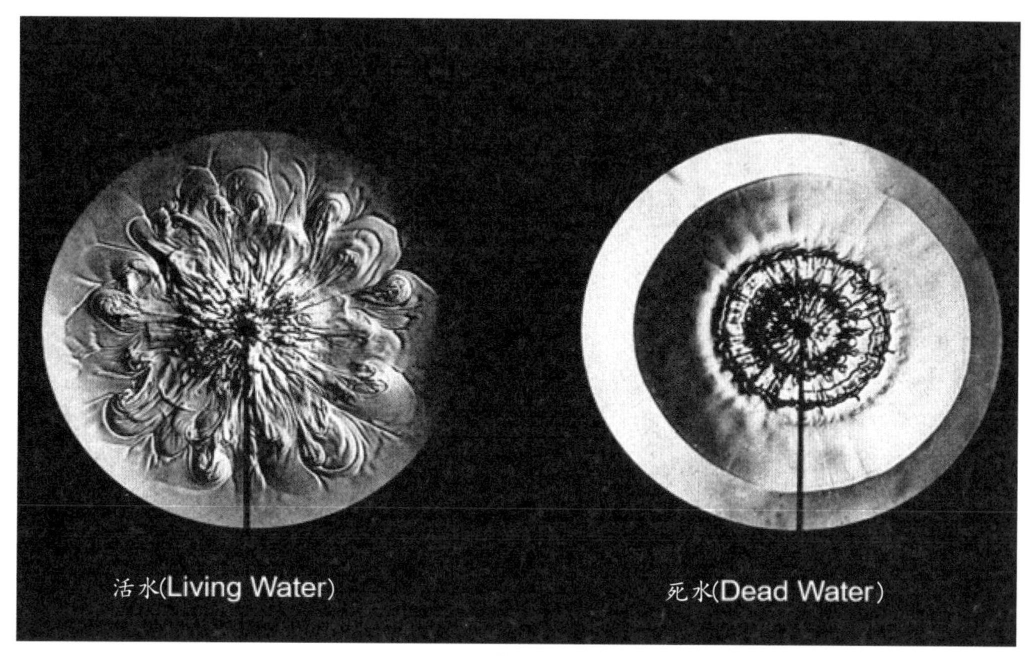

显微镜下的活水与死水——活水公园创意来源 供图/张雪华

都市田园——活水公园建成时实拍 供图/张雪华

府南河综合整治工程评价

专家评价

1997年10月，中国社会科学院于光远教授和来自住房和城乡建设部、中国科学院、中国社会科学院、北京大学、清华大学、同济大学、四川省社会科学院、四川大学等单位长期从事经济、规划、历史、水利、地理、环境、生态和文化领域研究的20多名专家学者，经实地考察、认真研究后，一致做出府南河综合整治工程是“河道整治和城市更新成功典型”的评价。他们认为：

府南河综合整治工程是实现多功能的系统工程。六大工程体现了河道整治与旧城改造、住宅与基础设施建设、自然景观与人文景观、水面与陆面、地上与地下的协调统一，构成了一个庞大的系统，具有综合的整体性。

府南河综合整治工程是体现最大整体效益的综合工程，实现了环境效益、经济效益和社会效益三大效益的共同提升。

府南河综合整治工程是社会广泛参与的民心工程，得到公众参与和支持——群众捐款捐物近5000万元。

府南河综合整治工程是传统文化与现代文明有机结合的文化工程。该工程将成都数千年历史文化之精华，镌刻在工程沿线，形成一条环抱文明古都的独特风景线。

府南河综合整治工程是决策科学、组织严密的先进工程。该工程经过充分研究、反复论证后才实施。建设过程中工程组织严密，确立了一整套科学管理方式和现代技术操作手段。

府南河综合整治工程，是通过河道整治带动城市更新，实现城市现代化，具有重要借鉴价值的城市建设模式。

国际评价

1998年，在全世界35个入围候选项目中，成都府南河综合整治工程因在全力推进城市可持续发展、改善市民的生活质量、解决居民的安居问题等方面成绩突出，被联合国人居中心授予“联合国人居奖”。

2000年，在全世界200多个项目角逐中，成都府南河综合整治工程因体现地方政府在环境事业方面做出的杰出成绩，荣获由联合国可持续发展委员会、联合国环境署和世界地方环境先驱委员会联合颁发的“地方政府首创奖”。

2000年，在全世界100多个国家提交的770份申报项目中，成都府南河综合整治工程脱颖而出，被联合国人居中心和阿联酋迪拜市政府共同授予“改善居住环境最佳范例奖”。

府南河综合整治工程中建设的活水公园，因其独特的创意获国际水岸中心颁发的“优秀水岸奖最高奖”。又因其帮助人们建立环境责任感，推动人们共同建设和保护自然环境，与英国泰晤士河治理工程共同获得国际环境设计研究协会颁发的“国际环境设计奖”。

联合国授予的三个大奖和活水公园获得的两个国际奖项，是府南河综合整治工程在国际影响上最具指标性的表现。

成都市区南河（锦江） 供图/河研会

十年“治河”：“锦江”成为名扬海内外的“绿色名片”

四川省内的影响

1996年，四川省委、省政府发出《关于搞好成都市府南河综合整治和管理的通知》，指出此项工程不仅对成都市居民安居、城市面貌改观、基础设施完善等具有极为重要意义，而且对扼制岷江流域、长江上游的污染起着举足轻重的作用，对促进经济发展有着深远的影响，是贯彻落实环境保护基本国策的具体行动。全省各地方党委和政府因此大大地提高了对河道治理的重视，以成都府南河综合整治工程为借鉴，纷纷开展整治河道改善环境的行动。

媒体向国内外传播

国家主流媒体纷纷报道府南河综合整治工程：《人民日报》4次报道，《经济日报》2次报道，《光明日报》以“清水清风走府南”为题报道；中央电视台的《新闻联播》《焦点访谈》《东方时空》等节目，以及中国国际广播、中央人民广播电台等电台都曾专门报道府南河综合整治工程。

四川省内的媒体尤其不吝赞美：《四川日报》《成都日报》《华西都市报》《成都商报》《成都晚报》《天府早报》以及四川电视台、成都电视台等更是连续不断地报道府南河综合整治工程。

兄弟城市学习交流

北京、天津、上海、深圳、杭州、合肥、南宁、南京、昆明、重庆、包头等数十个城市都前来成都交流取经。上海苏州河治理、南宁河流治理、北京筒子河改造等工程项目负责人，都来成都学习交流。

府南河整治前后的对比 供图/河研会

联合国宣讲“府南河模式”

2001年6月，成都市王少雄副市长在纽约联合国会议上，报告成都市实施府南河综合整治工程的情况，向各国代表介绍“府南河模式”的做法和经验。

中国-埃及文化周宣传府南河工程

2004年9月，中国文化部、外交部和埃及政府在开罗举办中国-埃及文化周活动。文化周的中心内容是以“一条河流和一座城市”为题，向埃及政府官员、大学生、环保水利专家和开罗市民介绍成都府南河综合整治工程的经验。

国际考察与合作

先后有美国、日本、法国、德国、荷兰、新加坡、秘鲁等20多个国家政府代表团考察了府南河综合整治工程，日本、美国、韩国等国的地方政府和社会人士还积极参与了活水公园、甲府园、望江公园生态河岸等出色项目的修建。

上海世博会展示活水公园

2010年，上海世博会城市最佳实践区，专门仿建了一座府南河边的“活水公园”，向世界各地的来宾展示、推广成都市的治水理念。世博会结束后，这座活水公园长期留在当地，并成为新的地标。

上海世博园“活水公园”实景 摄影 / 华桦

任重道远：千秋功业再反思

成都府南河综合整治工程成绩显著，在环境效益、社会效益和经济效益三方面都取得了很好的效果，但同时也存在很多不尽如人意的地方，留下不少的遗憾，值得认真思考、认真总结。

第一，工程完工后，水质却没有明显改善，这主要是因为当时对污染源的复杂性没有形成全面认识，以为只要堵住排污口、修建污水处理厂就行了。但是府南河上游及大小支流带有大量污染物，城区及上游广大农村存在严重的面源污染，而这正是造成水质恶劣的重要因素。

第二，河形整齐划一的渠化，河岸毫无区别的硬化，甚至有些河段（干河和西郊河等）连河底都浇筑了混凝土，没有充分顾及河流生态的要求，也忽视了城市历史文化美学要求。

第三，某些工程措施考虑不周，如为了维持水位，达到通航游览的要求，在工程河段上修筑了带有船闸设施的6座橡胶堤，结果不但通航没有实现，反而阻碍了河水的自由流动，不利于河流净化。

第四，府南河综合整治工程的实施，除主观上受限于当时人们河道修复的理念、河道整治的技术方法外，还受到客观条件的约束：上游来水太少，河流没有维持生态需要的基本流量——这是水质无法改善的先天性障碍。此外，20世纪90年代，成都市的经济实力还不够雄厚，府南河综合整治工程花费了27个亿的投资，相当于当时成都市政府一年的全部财政收入。

人类的社会活动，包括科学技术，都是在不断反思、不断总结经验教训的过程中前行的。尽管府南河整治工程存在一些遗憾，但其整治过程中的得失仍值得总结，以供今后治河参考。笔者参考成都市近年的治水经历，结合河道整治修复的科学方法，形成以下意见。

工程目标的综合性

治河的规划设计，应该全面系统地确定工程目标，综合设置项目内容。过去一些河道工程，往往只为实现单一的目标，或为防洪，或为航运，或为开发水能发电等，往往顾此失彼，没有获得综合效益，甚至留下隐患。府南河综合整治工程的一个成功经验是：工程目标是综合性的，防洪消灾、治理污染、绿化环境、完善基础设施、改善居民生活条件，甚至发扬历史文化都包括在内。联合国人居署官员游建华先生称该工程引领了两个潮流：潮流之一为工程的多样化特征和综合效益；潮流之二为工程中蕴含各种经济成分。他评价说："这在世界各国的河流水域治理中尚属罕见。"

治河理念的融合提升

随着我国工业化水平不断提高和社会经济高速发展，保护生态环境成为一个不可回避也不能回避的问题。就水利工程而言，如果只着眼于修堤防洪、疏浚通航、筑坝发电等工程技术的发展，不注意生态环境保护，就不能实现可持续发展。所以必须综合平衡水利工程技术和河流保护两方面的要求，在治河工程规划设计中融合不同学科的理念。有一位水利工程专家曾经说过，河流在水利工程师眼里与生态学家眼里往往是不一样的。水利工程师关注河流的资源属性，包括它的水量、水质、水头、水能等水文、水利学特性。生态学家关注河流的生态属性，包括生态结构、生态功能、生态系统的整体性等。两个不同的专业，应互相沟通融合。生态学家应了解、重视水利工程的重要功能和作用。水利工程师应认识河流具有的生命特征，反思水利工程可能会对河流生态系统造成的损伤，并在工程设计中采取必要的措施减轻负面影响，对生态系统实施补偿，把"生态"的概念渗透到水利工程技术中去。

全面认识河流的污染源

河流污染分为点源污染和面源污染。点源污染，如一座工厂、一个养殖场、一座矿山、一个居民社区的污水排放口等，可以通过搬迁、技防、截除或改造排污口等方法加以解决。但控制面源污染就比较困难。城市的地面上布满各种污染物，如有机物、无机物、重金属等，地面雨水径流中的悬浮污染物甚至远远超过生活污水，即使实行雨污分类，也不能彻底解决问题，因为雨水也不干净。农村地面存在大量化肥、农药残留，人畜排泄物和各种生活残弃物，一场大雨就把这些大面积存在的污染物冲入河流，对水环境造成极大的危害。有关资料表明，滇池、杭州湾等水体的污染，70%以上由面源污染造成。所以，如何有效控制面源污染是河流治理面临的严峻挑战。

对此，应努力提高公众的环保意识，在农村推行文明的生产、生活方式，在城市建设大面积绿地和渗水路面等，制定收集、处理初期雨水的措施。在河流两侧一定宽度范围内设置河流保护带，即在河岸上形成乔木、灌木与草本植物混合搭配、连续不断的绿色长廊。在这一区域内，严禁出现化工厂等有害工厂和大型养殖场。散居农户分别建设沼气池和粪尿分集式旱厕处理人畜粪便等高浓度污水，并使其变成肥料；建设种植型土壤快渗池处理农家生活污水等低浓度污水；大力推广绿色农业技术，减少化肥、农药使用，发展生态农业与循环经济，保护河流水网生态环境。近年来，成都城市河流研究会在郫都区安德镇安龙村进行了示范性实践，取得了一定经验。

治河要治“流”

府南河综合整治工程的设计者，原来期望通过河道整治，实现“一湾清水，两岸绿荫”；两岸绿荫确实做到了，一湾清水却没有实现。留给我们的教训之一是：只治理一段河流，是不能彻底改善水环境质量的。河流整治的规划，应涵盖整个流域，包括上游和支流，如果上游和支流水质很差，会影响下游主河道。1997年府南河综合整治工程完成后，成都市对府南河上下游和数十条中小河道进行延伸整治，其间还进行了城区“黑臭水体治理”。二十多年来，水环境治理从未停止，成都市的水环境质量也逐步得到改善，主河道基本消灭了V类水。

保持河流的自然形态

人类对河流大规模的改造活动，对河流生态系统产生了严重的负面影响。河道的人工渠道化、河岸河床的硬质化、拦河筑坝，有损水流的连续性，破坏了河流蜿蜒曲折、丰富多彩的自然形态，对自然生态环境造成了损害，我们必须正视这些问题。

国外一些学者，针对水利工程对河流生态系统产生的负面影响，提出“自然设计方法”“与自然亲近的治河工程”等理念，值得我们参考。河流应该是随意弯曲的，河岸有凹有凸，河面有宽有窄，有平静如镜的深沱，有湍急奔流的险滩，河道中有长满茅草的沙洲，岸边有铺满鹅卵石的河滩，两岸芦苇丛生，杂树成荫。河流保持自然的生态形态，有明显的生态意义：为各种生物创造适宜的生态环境，提供了生物多样性的基础。河流保持自然的生态形态，有重要的美学意义：生机勃勃的河流和淡水地带，动与静相互映衬，生物与水流相互映衬，色彩异常丰富，这种自然形态之美，超越了任何人工景观。河流保持自然形态，还有蓄洪涵水的意义：蜿蜒曲折的河道，植被茂密的河岸，深浅、宽窄不一的河床，河流两侧的河岸湿地，有利于降低河水流速，调节河水丰俭，消减洪水的破坏能量，缓解旱涝灾害。河流的自然景观，孕育了我们的文化和乡土风情，千万不要在不自觉中使其泯灭于工程建设中。

城市中心的河流，确实不同于野外的河流。它是十分人工化的生态系统，是在人类活动严重干扰下存在的。要想在城市中完全保留自然河流形态，当然是不现实的。但是，通过精心设计，还是可以在某些河段保留或营造出河流的自然形态，活水公园的自然阶梯河岸，望江楼公园中中日合作修建的生态河岸，沙河的斜坡河岸等就是很好的例证。

成都活水公园的水处理系统——水流雕塑 摄影 / 华桦

护岸工程

护岸最主要的作用，是有效地防御洪水，保护河边的建筑、农田和人民群众的生命财产安全，这是十分明确的。但是，护岸工程建设地正是河边水陆交错地带，岸上乔木、灌木、荒草和地衣苔藓层层叠叠，河中水生植物随风摇曳，是昆虫、两栖动物和鱼类的生长、发育、繁殖、觅食、栖息和避难之所。这是河流串联起来的生态系统，而护岸工程的建设施工，会对这个生态系统造成冲击。所以，护岸工程的设计和施工，在满足工程安全的前提下，应尽量注意保护生态和景观，减轻对生态系统的冲击。要认真调查河道两岸的动植物群落的状况，在工程设计建设中给予重视和关照。

护岸工程的形态设计应避免同一化、直线化，并尽量保持河岸线型的自然状态。应区别对待水流冲击程度不同的河段：在水流冲击严重的河段，以及城际聚居区、城区及桥梁上下游一定长度的河岸，应有坚固的人工砌筑河堤；其他河段，尽量采取生态型护岸，如堆石护岸、竹笼护岸、植皮土坡护岸等，使工程结构对河流生态系统的破坏最小化。即使是用混凝土和石料浆砌的堤岸，也应精心设计，推敲细节处理，尽量营造人与河岸水面亲近的环境。

保护历史文化及民俗风貌

河边的人文景观和自然景观，是“乡愁”“乡情”的最佳体现，千万要加以珍惜。一些古堰、古渡、古村落、古堡坎、河边的庙宇，甚至岸边的吊脚楼，都是很有价值的历史文化遗存，应小心采取工程措施，尽量保留，千万不要抹去历史的记忆。

景观设计方面，应秉持因地制宜的原则。在城区可以修建人工园林，但在城郊要避免园林化，植被应保持自然特征，多采用乡土树种，“宜荒则荒”，维持“荒郊野外”的荒野景观。切忌建造一些生硬的、媚俗的“文化景观”。

保护水网

毫不夸张地说，源自岷江的扇形水网，是“天府之国”这片土地的命根子，保护水网，就是保护川西大地自然格局的完整性和持续性。

可惜因为“遮盖污染”“整治市容”“改善交通”“开发楼盘”等种种原因，成都市的不少中小河道、湖泊塘堰被填埋了，这是让人十分痛心的事。因为哪怕是一条不起眼的小溪，都能滋润都市的一方土地，化解都市的冰冷和生硬，舒活市民的心灵。消失的已经无法挽回，尚存的应更加珍惜，所以在城市规划管理中要注意避免任意填埋、加盖、截断河流的行为，在经济发展、城市扩张的过程中，要维护成都平原河流水网的完整性、连续性。

要保护水网，就必须保障水网的基本生态流量。过去，就是因为水量的减缩，不少河流干枯、堵塞，面临废弃。目前，成都市水资源已经不堪重负，所以一定要在水资源和其他资源可承载能力的基础上，发展经济和扩张城市，做到适度和可持续发展。要开展岷江上游的生态保护工作，努力做到岷江水量不减。要开展广泛有效的节水活动，降低工农业和居民日常生活的耗水量，推进再生水利用。要坚持不懈地治理水环境，制止水资源过度开发利用，通过各种措施增加生态用水量，达到保护水网的目的。

合理的河道维修管理

应避免对河道进行随意渠化、硬化和截弯取直，尽量采取符合生态要求的护岸方法，多采用植被护岸。

河道疏淘要适度，深度以满足行洪为标准。要严格监管经营性质的砂石采淘作业，控制采淘深度和作业面范围，防止破坏河床和河流生态。

要区分各种河流性质，分别规定不同的防洪标准。要保持荒滩、堰塘、河湾、河口湿地，不进行缩减性整治，以增加滞洪、蓄洪能力。对于水毁堤岸要及时修复。

河岸绿化要突出生态功能，尽量增加河岸绿化植被宽度，保护河岸植被的连续性和植被层次结构的完整性，尽量种植乡土树种。

要禁止猎杀水禽和电鱼，保护培育乡土鱼类等乡土物种。

在成都平原的河流上，不宜再建坝建闸、堵水发电，以保持河流的连续通畅。现有的一些效益不高的小水电站，可以考虑拆除。

为了使河流在枯水期有一定的深度，使水体能够流动起来，有一种方案可以考虑，那就是“河中河”方案：在河道中间修整出一条河槽，汇集尚有的河水。这条河槽的宽窄变化与原有河床大体一致，纵向也会有浅滩跌水。河槽边的河床上，也有水生植物生长。每逢枯水期，河水就会在这条河槽即“河中河”中流淌，形成别样的生动景观。

动员群众，保护河流

保护水环境，除了政府的行动外，动员群众积极参与也是十分重要的。府南河综合整治工程之所以能顺利实施，并取得很好的效果，和成都市民的积极支持与参与是分不开的。小学生在老师的带领下，考察河流的污染情况，并向市政府呼吁整治府南河；在建设资金紧张的情况下，成都市民向府南河整治工程捐献了人民币5000万元；工程拆迁是一件很困难的事，但成都沿河十万居民积极配合政府，顺利完成住房搬迁。这些都体现了群众对沿河整治的支持。

现在，在河道管理上，应发动沿河居民以及民间组织、大中小学校组成护河志愿者队伍，协助“河长”保护河流。

推行成都城市河流研究会已取得的经验，如“河流健康评分卡”活动、“乡村护水队”自组织、河流游学活动等，也是发动群众参加河流保护活动的一种形式。通过这些活动，增强群众的环保意识，检测水环境的“健康”状况，可以为政府水务环保部门提供有价值的参考数据，对保护河流、维护水环境质量是有积极作用的。

“柏条河保卫战”：当成都的“母亲河”面临失去唯一自然河道的危机……

文/刘伊曼

“柏条河保卫战”时间轴

2004年9月

规划对柏条河进行水电及房地产开发。

2005年11月

柏条河综合开发公司成立。

2006年4月

柏条河开发相关文件公示，引起公众质疑和关注，专家及媒体介入。

2006年7月

成都市水务局表态反对对柏条河进行水电及房地产开发。

2006年9月

四川省发改委要求修改柏条河开发规划方案。

2006年12月

柏条河开发规划方案修改后获批复但未公示。

2007年7月

成都城市河流研究会专家发表公开信，呼吁关注“柏条河开发”，引发全国媒体报道。

2007年8月

民间调研报告出炉，院士呼吁“保护生态河道”。

2007年1月

成都市政府召开会议，建议“规划与环评暂缓”。

2007年12月

水利部调研组来川，柏条河开发计划无限期搁置。

2006年是中国“十一五”规划的开局之年。4月22日那天，正好是第37个世界地球日。中国确定的这一年地球日主题是：善待地球——珍惜资源，持续发展。除了原国土资源部（2018年撤销，其职责被划入自然资源部）和各地主管部门，方兴未艾的民间环保组织也纷纷围绕着地球日做文章、搞活动，在宣传科学发展观的主旋律里，充满了积极和乐观的气氛。

2006年，也正是中国第一张都市报《华西都市报》发行量超百万的黄金年代。新浪、搜狐等门户网站的“网上广场”也日渐“人声鼎沸”。地球日当天一大早，《华西都市报》上的一篇重磅报道引得成都市的街头巷尾炸开了锅。标题醒目地写着：“成都水源地建电站，众专家说不”。文中更是直截了当地指出：“柏条河是成都市城市供水的大动脉，在河道上修建15级梯级电站将给成都带来严重的危害。”[1]

很快，新浪、搜狐等门户网站上的评论如潮水涌来，“很短的时间内民众评论就有了两万多条，几乎都是激烈的反对意见，可以说引起了很大的反响。”四川大学建筑与环境学院教授艾南山回忆说。艾南山当时是民间环保组织成都城市河流研究会（简称“河研会”）的会长，也是当天《华西都市报》上旗帜鲜明地反对在柏条河上建电站的专家之一。

那一天，成都市浣花溪公园里，河研会的专家们“趁热打铁”，又组织了一场别开生面的公益讲座暨青年环保志愿者研讨会，同时这也是一场有众多新闻媒体参加的信息发布会。研究会的副会长张承昕以自己亲身参与的府南河综合整治工程为例，唤起在座大学生和青年记者们对身边河流健康问题的关注，并让反思与参与的精神在年轻人的思想里萌芽。他们热烈地讨论起已箭在弦上的柏条河综合开发规划，认真地分析规划中那15座水电站可能会带来怎样的后果。第二天，成都本地主要的报纸纷纷跟进，将研讨会上那些闪烁着环保新观念的言语送到成都市民的面前，比如，《天府早报》上说：“一旦改变了柏条河作为一条河流的自然属性，将造成一系列生态恶果。”[2]《成都商报》上说：“治河应该坚持人水和谐发展的观念，应该竭力维护河流的健康生命。”[3]《华西都市报》也继续追踪报道，并向决策者喊话：“昨日，众多成都市民也拨打本报8678000新闻热线表示，希望决策部门认真考虑，不要给成都带来生态灾难”。[4]

一场中国环保史上罕见的、以理性对话贯穿始终的、以极小代价收获巨大成功的公民环保行动由此拉开了帷幕，亲历者们常常称之为“柏条河保卫战”。

---

1 杨东、杨娅玲：《成都水源地建电站，众专家说不》，《华西都市报》，2006年4月22日。
2 丁宁：《都江堰柏条河建电站弊大于利》，《天府早报》，2006年4月23日。
3 代建军：《专家进言：善待成都供水“颈动脉”》，《成都商报》，2006年4月23日。
4 杨东、杨娅玲：《九大弊病——柏条河电站仍“可行”？》，《华西都市报》，2006年4月23日。

规划环评：
一石激起千层浪

柏条河是两千多年前李冰父子主持修建都江堰时，“穿二江成都之中”（《史记·河渠书》）的其中一江。柏条河在当时是顺着成都平原西高东低的地势开凿的一条人工渠，从此成都“水旱从人”，天府之国“不知饥馑”。（《华阳国志·蜀志》）经过千年行船、漂木、灌溉、演变之后，这条河已经成为一条具备自然形态和完整的生态系统的河流。直到20世纪末，柏条河还承担着漂木的作用，所以在都江堰内江水系其他几条河流的水电资源都已经被开发了之后，柏条河还保留着它自然流淌的原始状态，成为成都最后一条“处女河”。

然而，柏条河的开发规划从2003年就已经开始筹备。2004年，四川省水利厅下属的事业单位，负责管理都江堰水利工程的都江堰管理局委托四川省水利水电勘测设计研究院、四川省都江堰勘测设计院编制了《四川省都江堰灌区柏条河综合开发规划报告》（简称“柏条河开发规划”），准备在柏条河胥家至三道堰全长44.76千米的河道上开发15级梯级电站，总装机容量为10多万千瓦。在“柏条河开发规划”中，水电站项目仅仅是其中一部分，除此之外，还有当时很流行的把河道砌成“三面光”的“治理”工程，以及正在全国掀起热潮的房地产开发项目等。当年9月，这个规划就通过了四川省水利厅组织的技术审查，只待各项审批手续完备，便可上马。

2005年，开发柏条河的计划紧锣密鼓地推进着。当年11月，由都江堰管理局及其下属各部门出资组建的都江堰水利产业集团与香港某家企业合资，成立了一家“柏条河综合开发公司”，开始着手具体事宜，包括委托四川省环保厅下属的四川省环境科学保护研究院（简称“四川省环科院”）开始编制“柏条河开发规划”的环境影响评价报告（简称“柏条河规划环评”）。

也正是在那一年的12月，国务院发布了《关于落实科学发展观加强环境保护的决定》，时任国家环境保护总局（2008年升格为环境保护部，2018年撤销，相关职能合并至生态环境部）副局长的潘岳在一次接受采访中提到，这份文件明确提出了“对涉及公众环境权益的发展规划和建设项目，要通过听证会、论证会或社会公示等形式，听取公众意见，强化社会监督”的要求。根据这份文件，原国家环境保护总局在2006年2月出台了《环境影响评价公众参与暂行办法》，对公众参与规划环境影响评价进行了规定，从当年3月18日起施行。柏条河规划环评刚好赶上了这个新生效的规章。

2006年4月10日，四川省环科院在其官方网站上发布了《都江堰灌区柏条河综合开发信息公告》以及《公众意见调查表》，开始公开征求公众意见，征求意见截止时间为当月21日。10天之内，这个公告都没有引起什么动静，直到4月20日那天，河研会的一个志愿者无意中发现了这个公告，从而将这个重大的新闻带到众专家和媒体面前。被一起带到公众面前，接受公开审视的，还有四川省环科院编制的柏条河规划环评。根据《华西都市报》的报道，柏条河规划环评未能得到认可，专家、志愿者乃至大学生纷纷提出质疑。[1]这份规划环评报告重点关注了柏条河开发规划在施工期的“三废”排放和水土流失问题，却忽视了其将永久改变河流的自然形态。这显然是捡了芝麻，丢了西瓜。

《成都晚报》2006年4月24日报道的柏条河开发项目规划示意图 供图/河研会

[1] 杨东、杨娅玲：《九大弊病——柏条河电站仍“可行”？》，《华西都市报》，2006年4月23日。

饮水危机悄然迫近

河流无疑还关系着饮水。柏条河全流域都在成都市境内，在成都市水务局编制的《成都市供水体系规划》中，有一个百万吨级的自来水七厂即将开建，柏条河开发规划中的第六到第十级水电站，就正好位于这个自来水厂的一、二级饮用水水源保护区内。

2005年11月发生的松花江污染导致哈尔滨全城停水的事件震动了全国，也让不少地方政府和水务行政主管部门绷紧了一根弦。松花江污染事件没过几天，《成都商报》记者在采访成都市水务局专家时被告知，成都和全国其他城市一样，都面临饮用水水源污染问题。因为成都的饮用水来源比较单一，都来自都江堰，柏条河上有成都最大的自来水六厂的取水点，目前水源还稳定、安全，但成都已经用了几年的时间在筹备开辟应急水源，以防都江堰水源出状况的意外情形。[1]水务局专家当时提到可能的"意外情形"，也不过是临时的事故，比如像松花江污染事件那一类工厂非正常排污，或者是像1985年叠溪海子堰塞湖塌坝导致成都自来水浑浊了数日的那种自然灾害。如果发生那种情况，应急水源地便能"顶上几天"，保障成都市的基本生活用水。可如果成都的"输水干线"被梯级开发了，甚至水都被调走了，那再给成都找一个后备的"主水源"绝非易事。

在柏条河开发规划出台之前，已有越来越多的老一辈成都水利人和环保人，对于都江堰灌渠的不断扩大，岷江来水被引走这一状况忧心忡忡。与此同时，成都也正处于工业化和城市化突飞猛进的时候，柏条河开发规划使用了较老的统计数据，在计算水量分配的时候，将成都市主城区的人口按照310万计算，而当时的实际数字其实已经超过了400万（2005年），他们更没有预先设想到，到了2020年，成都市主城区的常住人口已达到了1100万。[2]

都江堰的来水并没有随着人口的增加而增加，但却随着灌区的不断扩大越分越细。灌溉面积从1949年的282万亩左右，增加到2005年的1010万亩，乃至2021年的1130.6万亩。在2006年的时候，"以水定城""以水定产"还并没有成为主流的口号，水的生态流量也还基本只是停留在教科书上的概念。尽管当时的水利部部长汪恕诚已经提出了在原始水权分配的时候要先把生态用水留下，并以此为据解决了黄河断流的问题；但生态流量本身并不

---

[1] 张睿：《应对突发事件 成都水源有准备》，《成都商报》，2005年11月23日。

[2] 范锐平：《关于<中共成都市委关于制定成都市国民经济和社会发展第十四个五年规划和二〇三五年远景目标的建议>的说明》，《成都日报》，2020年12月31日。

仅仅意味着河水不断流就好。尤其是在纳污量巨大的长江流域，生态流量更多是河流自净能力的前提和独特的生态系统得以维系的基础，是河流健康的基本保障。在当时，通过工程手段往缺水地区跨流域调水依然是解决局部干旱问题的一个基本思路。

毗河供水工程正是在这样的背景下上马的。毗河是柏条河下游的一支，另外一支是流进成都市中心城区的府河。2001年，四川省政府批复了毗河供水工程，将十年九旱的资阳、遂宁纳入了都江堰灌溉区。从水利的角度来看，柏条河开发规划可被定义为毗河工程的依托。而将河道三面硬化也是为了阻断河水与地下水的流通，让都江堰的来水经过柏条河输送的时候不被“漏掉”，这样就能有更多的水可利用。在当时一部分水利专家眼里，这是不折不扣的“节水”工程，尤其是在水量吃紧，又要想方设法满足更多地方用水需要的时候。然而，这样的做法对河道的自然生态而言是灾难性的，自然遭到了另外一群专家的激烈反对。随着全社会环境保护意识的不断提升，更因为有人不断站出来纠正错误，呼吁改变，这种做法后来才逐渐退出了历史舞台。

都江堰蒲柏闸，左为柏条河 摄影 / 华桦

越来越多的力量参与到“柏条河保卫战”中

2006年4月下旬，柏条河开发规划进入公共视野后，舆论场上并没有很快听到发起者一方的声音。据河研会原秘书长田军回忆，4月27日，河研会又组织了一次“恳谈会”，邀请四川省水利厅、都江堰管理局等单位的人参加，但积极参会的依旧是那些反对柏条河开发规划的专家，导致“恳谈会”没有出现真正意义上的商榷，依旧是“一边倒”的质疑和反对声。而田军认为这样并不好，她期待对方可以参与进来对话、解释、讨论。她后来告诉《中国经济时报》记者：“我们期望能够通过探讨，及时发现问题，现在纠正总比事后弥补容易。”[1]然而她期待的对话并没有很快发生。

然而，关心柏条河命运的人并没有让这件事就这么过去，新华社四川分社、四川省科

河研会组织关于柏条河的“恳谈会”，专家、志愿者、市民代表讨论柏条河规划开发

供图/河研会

[1] 陈宏伟、乐菲：《成都柏条河规划作出让步 十五级电站改为十级》，《中国经济时报》，2007年8月14日。

协、四川省政协、成都市政协等单位人员纷纷介入，通过独立调研，撰写内参、提案等，从各自的工作渠道向决策层提供信息和建议。

根据《第一财经日报》报道，2006年7月28日，都江堰管理局有关技术人员和领导到访成都市水务局，以“兄弟单位”的身份进行沟通。[1]成都市水务局有关领导则表明态度，同意合理地对柏条河进行治理，但反对水电开发及“搭便车”的房地产开发。

2006年9月21日，四川省发改委对省内7名省政协委员提交的《关于科学决策、谨慎对待柏条河开发项目的提案》进行了答复，提出了“在规划中要重视柏条河两岸的生活、生产污水治理，并与河道建设同步实施”，并建议“柏条河开发规划要广泛征求环保、国土等相关部门以及有关方面专家的意见，集思广益，做到科学规划，科学决策”。

在这样的情况下，四川省政府没有批准柏条河开发规划，而是要求四川省水利厅重新组织论证。柏条河开发规划的本子“回炉重造”，柏条河规划环评也跟着修改。在修改版中，15级水电站减少为10级，房地产开发项目被取消，“特别规划段之外”的河底不再做硬化处理等。

修改后的柏条河规划环评从规范程序上讲并不需要进行第二次公示，直接接受四川省环保厅的审查即可。2007年初，柏条河开发规划的修订版正式提交，并于2007年4月获得了四川省政府的批复。随后，成都市水务局收到了四川省水利厅转发的省政府“原则同意”并要求“认真组织实施”的批件，但并没有立即看到修订版。一直到2007年6月中旬，成都市水务局在对市政协提案做出回应的时候，还遗憾地表示，迄今并未看到修改后的柏条河开发规划方案。不过，成都市水务局在回复中强调，虽然柏条河是省管河道，但因为它全段均在成都市境内，其开发方案与成都市的防洪、供水、生态和文化遗存息息相关，成都市水务局必然密切关注。成都市水务局还表示：“我们将以负责的态度坦陈利弊，反映意见，提出建议”。

[1] 章轲：《柏条河“命悬一线”，紧急报告直达北京》，《第一财经日报》，2007年8月7日。

“端正人与自然的关系”

2007年7月，河研会众专家起草了一份公开信，“紧急呼吁”有关部门“科学决策、谨慎对待”柏条河的开发规划[1]，并通过公开渠道提交给了原国家环境保护总局、水利部等单位，还同时发给了多家在全国范围内发行的媒体。至此，柏条河开发的争议进入全国人民的视野中。

第二轮媒体的聚焦和公众的热议在随后几天里迅速发酵。《第一财经日报》的新闻标题里写着“柏条河命悬一线”[2]，还有市民在各大网络论坛发帖“十问开发商”，请他们“饶了这条河”[3]。

8月初，都江堰管理局紧急约见了河研会有关专家，并告诉他们柏条河开发规划是都江堰管理局和四川省水利厅联合设计的，专家们的反对意见他们很重视，而且这一版的规划已经吸纳了意见并做出了一系列修改。反对者们由此了解到，15级水电站已经变成10级水电站，河道“三面光”工程有所调整，等等。

不过，河研会的资深专家并不接受这种程度的“让步”，认为其调整并不彻底。成都市环保局的一位高级工程师则表示：“现在的柏条河已形成了一定的微生物种群，有自我净化能力。项目实施，会对这些微生物种群造成颠覆性破坏。”成都市市政设计院的专家则从防洪隐患角度反对在平原上以抬高河堤的方式建电站，他担心河流两岸水系平衡被破坏，同时结合成都市的市政规划，质疑开发可能带来严重的水权之争。

而都江堰管理局的技术专家却认为，河研会的专家们从各自专业角度提出的问题，“都可以通过简单的技术手段来解决”[4]。

就在当月，河研会组织大学生志愿者开展了一次徒步调研，并撰写了报告《关于柏条河科学治理的研究》。他们认为，仅仅提出问题是不够的，还需要端出自己的“菜”来，给对方，给公众，给决策者提供解决问题的更优选项。因为柏条河是都江堰水利工程的一

1 参见成都城市河流研究会文章：《紧急呼吁！请科学决策、谨慎对待柏条河开发项目》。

2 章轲：《柏条河“命悬一线”，紧急报告直达北京》，《第一财经日报》，2007年8月7日。

3 谭作人：《请你们饶了这条河！——十问柏条河的开发商》，2007年8月20日。

4 陈宏伟、乐菲：《成都柏条河规划作出让步　十五级电站改为十级》，《中国经济时报》，2007年8月14日。

部分，柏条河的问题也应该放在整个都江堰的可持续发展视角下去研究，所以同时起草的还有另一份报告——《关于都江堰水利区可持续发展研究》。这两份报告基于一手调研资料，吸纳了众多领域参与者的反思，总结了自“柏条河保卫战”打响以来大家讨论和归纳的要点，就柏条河乃至都江堰所面临的污染威胁、生态压力以及治理困局提出了系统性的建议。

2007年9月15日，由中国工程院院士韩其为、中国科学院院士刘宝珺等人组成的评审专家组，高度评价了上述两份报告，他们在评审意见中表明立场：“专家组认为有必要维护柏条河原来的自然特征、文化与景观价值，按照生态河道的理念，对柏条河进行综合治理和生态化管理。”

2007年11月26日，在成都市政府第七会议室里，刘宝珺院士当着成都市副市长、市政府秘书长、都江堰管理局总工程师以及成都市政府各部门负责人的面，义正词严地说：“我觉得，搞水利的同志首先要端正人与自然的关系。”

刘宝珺说：“我喜欢成都的文化和自然，现在空气污染了，河流一塌糊涂，我非常痛心。人类现在遭受这么多困难，就是人类规划得太多，而且不是按照自然本身的规律来规划的。”他的发言内容既诉诸科学理性，也诉诸人文情感，感染了与会人员。成都市副市长表态说：“我们的工作要对得起子孙后代，要经得起历史的检验。”他对都江堰管理局的参会代表表示，现在评估结果不好，就建议暂缓，建议“科学谨慎决策”。

2007年8月，专家和民间机构实地考察柏条河。十位院士参与了柏条河保卫活动，右图为刘宝珺院士 供图/河研会

“保卫战”取得阶段性胜利，但并未结束

从2006年春夏之交到2007年初冬时节，短短一年半时间，来自各行各业的民间力量已自发汇聚成一个强大的有机整体，他们凭借着集体的智慧和知识储备，系统性地论证了柏条河的开发规划中的每一个专业假设及其可能的结果，让人们清晰地看到，这一类典型的河流开发带来的风险及损失远大于水利水电工程能创造的收益。

从防洪的角度说，建设河床式梯级电站，会将部分河段水位抬高至两岸地面之上，不利于防洪排涝，增加汛期风险。

从饮用水安全的角度说，梯级开发后水流速度减缓会导致河流纳污能力降低，自然水生态被破坏也会导致水质下降，直接威胁饮用水安全。

从水资源分配经济合理的角度说，成都市是四川省经济发展的“龙头”，在成都已出现功能性缺水，发展受限的情况下，再通过水利开发跨流域减少城市主水源的水量，用以进一步扩大都江堰农业灌溉区域，经济账算下来得不偿失。

从城市历史文化和景观的角度说，河流不再自然流淌，景观破碎，文脉断裂……

通过公开的论辩，是非已经基本上不言自明。

2007年12月，水利部派出调研组，赴四川省针对都江堰和柏条河的问题开展调研，并分别与地方政府及水利部门进行了座谈，柏条河开发规划也随着2007年的结束无限期地搁置了。

四川省社科院研究员、四川省历史学会会长谭继和也亲身参与了“柏条河保卫战”，他站在历史文化的角度，呼吁人们重视并珍惜柏条河的价值，以及它所承载的宝贵的治水理念。

2007年11月，谭继和在与都江堰管理局有关专家面对面交流的时候，坚决反对对方不把柏条河当作都江堰文化遗产一部分的观点。对方提这种观点自然是有目的的——将柏条河与经过认证的历史文化遗产切割，就不会涉及开发“红线”。而谭继和则认为，都江堰不仅仅是旅游景点那三个渠首工程，柏条河是“成都二江”之一，是都江堰重要的组成部分，是成都的“生命线”。“天府之国”的非物质文化遗产，都是靠着这条河发展起来的。水是成都文明的摇篮，是成都城市发展的特征，他十分希望能够恢复成都的自然水域

和水生态，建立人水和谐的城市生活环境，让成都重新拥有“活水成都”的形象。

都江堰西南是道家名山青城山，青城山上有一块牌匾，写着“拜水都江堰，问道青城山”。都江堰因势利导，利用川西平原西高东低的地势和扇形水系无坝引水，正体现了“道法自然”的精髓。正因其顺应自然，不使蛮力，才造就了都江堰水利工程千年不朽的传奇。

不仅仅是谭继和这样的人文社科专家，越来越多的水利人、工程专家，也都越发清晰地认识到，相较于那些流传下来的文物，都江堰的治水理念更值得我们继承发扬。

2015年4月，国务院印发《水污染防治行动计划》（简称“水十条”），明确了节水就是治污的治理理念，部署了科学确定生态流量的流域试点，明确了各部门分工，系统地安排了农灌治理、黑臭水体治理、排污口清理整顿等具体任务，并制定了考核任务和时间表。2018年5月，成都市完成了柏条河、走马河、江安河三大都江堰内江干渠水系的截污、清淤，实现了“还锦江清水”。到2020年，堤防整治、闸坝改造、生态修复、景观提升等与锦江绿道建设如期同步完成，“碧水长流、生机盎然的宜居滨水廊道初步呈现”[1]。

“柏条河保卫战”取得了大胜，其成功经验被北京师范大学的研究人员写进了书里，被武汉大学环境法研究所网站列进了经典历史案例里。但这场“保卫战”并没有真正结束。在经济飞速发展的影响下，都江堰灌区依然在不断扩大，“再造一个都江堰灌区”和跨流域调水的呼声依然强烈，城市人口压力、城乡污染压力仍然且必然长期存在。早在2007年，保卫柏条河的专家们就公开指出，20世纪90年代制定的《四川省都江堰水利工程管理条例》环保观念落后，在保障生活用水、农业用水和工业用水的前提下，“环境用水”还处于被“兼顾”的地位。这意味着在水量调度时，尤其是当水量不够用的时候，环境用水的优先级别却被“依法”排在了最后，维持河流健康所需的生态流量实际上得不到保障。到了2019年，当四川省十三届人大常委会第十四次会议修订这个条例时，全文用词增加了9个“环境”和12个“生态”，遗憾的是，“兼顾环境用水”一条没能被去掉。

保卫“母亲河”，并让她永葆青春，还有漫长的路要走。

1 胡清：《风和日丽河畔赏花 锦江24小时美不停》，《成都日报》，2019年3月4日。

2007年，水利部调研组(柏条河开发)座谈会现场　供图/河研会

位于郫都区石堤堰的府河、毗河分水闸 摄影 / 华桦

附：“柏条河保卫战”主要媒体报道

新华社

《都江堰一干渠拟建15级水电站 遭遇专家质疑》，2006年4月30日。

中国经济时报
CHINA ECONOMIC TIMES

中国经济时报

《成都柏条河综合开发规划遭争议》，2007年8月1日。

《成都柏条河规划作出让步 十五级电站改为十级》，2007年8月14日。

21世纪经济报道
21st CENTURY BUSINESS HERALD

21世纪经济报道

《四川拟在都江堰建电站惹争议 专家反对无果》，2007年11月1日。

中国环境报

《东西湖与柏条河处境缘何不同？》，2007年9月25日。

華西都市報

华西都市报

《成都水源地建电站，众专家说不》，2006年4月22日。

《九大弊病——柏条河电站仍“可行”？》，2006年4月23日。

《柏条河电站应“叫停”》，2006年4月24日。

《专家将联名上书省政府 “叫停”柏条河电站》，2006年4月24日。

《水源地禁新建与保护水源无关项目》，2006年4月25日。

成都商报

《成都水源地拟建梯级水电站》，2006年4月21日。

《柏条河建电站，专家说谨慎》，2006年4月22日。

《专家进言：善待成都供水“颈动脉”》，2006年4月23日。

《岷江评论：科学决策离不开反对的声音》，2006年4月23日。

成都晚报

《柏条河建水电站？专家有话说》，2006年4月22日。

《专家：建电站将带来水污染！》，2006年4月23日。

《44.8公里河道修15级梯级电站？专家：后果很严重》，2006年4月24日。

《柏条河建电站，请你来恳谈》，2006年4月25日。

天府早报

《都江堰柏条河建电站弊大于利》，2006年4月23日。

上海青年报

《公共决策离不开多元利益表达》，2006年4月27日。

第一财经日报

《柏条河“命悬一线”，紧急报告直达北京》，2007年8月7日。

守护千年西郊河：城市中心的生态河流怎样逃过被填埋的厄运

文/刘伊曼

"守护千年西郊河"时间轴

公元875年

唐代高骈"筑罗城""开西濠"，连通成都市府河、南河，成都自此形成"二江抱城"格局。

2005年前

西郊河水源二道河与三道河的部分河段被覆盖变成阴沟。

2005年初

有人提议"盖上西郊河，修建停车场"。成都城市河流研究会提出反对意见，并向成都市政府提交报告《成都水资源配置与水环境保护问题》。

2005年7月

成都城市河流研究会专家应邀在成都市第七次规划委员会会议上做专题报告，在时任市长葛红林支持下，"严格保护现有河道，尽快启动成都市水系规划"被写进会议纪要。

2009年

成都市城乡建设委员会牵头，西郊河"加盖"工程计划重启。

2009年10月14日、15日

《成都日报》《成都晚报》《成都商报》《华西都市报》集中发布"西郊河盖盖子，河道变车道"的新闻。

2009年10月20日

西郊河“加盖”工程正式动工。此前已经完成了施工招投标、环境影响评价、防洪论证、前期拆迁等。

2009年10月21日

成都城市河流研究会组织实地调查，针对现场施工情况，撰写《关于将成都古护城河西郊河变车道的紧急建议》并发到市长信箱，呼吁召开听证会，广泛听取民众意见，希望暂停工程。

2009年11月10日起

《天府早报》《读者报·影响力周刊》《南方周末》等相继发表深度报道，引发市民展开“缓解交通压力”与“生态河流保护”的讨论。

2009年11月23日

成都市政府召开紧急会议，决定暂停西郊河“加盖”工程，强调“河流和道路同样重要，不能因为道路牺牲了河流”，要求相关部门重新改进方案。成都市水务局约见环保志愿者杨帆和王玲珍，并通报了市政府决定。

2009年11月27日

成都市政府召开西郊河专题会议，进行民主协商，就西郊河“加盖”工程方案的调整向各部门征求意见。

2010年5月7日

成都市政府再次召开西郊河专题会议，成都城市河流研究会工作人员和成都市城乡建设委员会、水务局、公园建设管理处、环保局，以及成都市人大代表、市民代表参与讨论。西郊河“加盖”工程前期已动工段的河流环境恢复部分原状。

2018年8月

锦江水生态治理和锦江绿道建设取得“阶段性成果”，全长14千米的锦江绿道“西郊河综合改造工程”全面建成开放。河流变得清澈，两岸绿树成荫。

承载千年水乡记忆的西郊河

1000多年前的晚唐时期，西南重镇成都府面临着来自南诏国的侵扰威胁。公元875年，名将高骈受命任成都尹、剑南西川节度使，随后即开始修筑城池。他截断成都西北的郫江引水，打造出绕城北至城东再往南流的清远江（府河），清远江在城东南与捡江（南河）汇合。他又利用成都密集的天然水网，打通自西向东的几条河流，在城西开辟出由东北流向西南的西濠（古代护城河即称为濠），即今天的饮马河与西郊河，让水流往西南方向绕行成都，连通府河、南河。

1000多年来，高骈“筑罗城”“开西濠”而形成的“二江抱城”的独特景观，犹如环绕成都的翡翠项链，托起了一片安定富庶。尤其是西郊河流域，因名胜古迹高度集中，自然风光优美如画，一直被誉为微缩版的“天府之国”。从青羊宫到百花潭，从宽窄巷子到

2009年，未施工的西郊河二道桥河段 摄影 / 华桦

永陵……尽管西郊河本身仅有2.17千米长，但历史文化地位不容小觑。

冷兵器时代结束后，护城河彻底失去了防御外敌的功能。随着城市的发展和排污量的增加，西郊河连供居民饮水、洗衣和游泳的作用也逐渐丧失了。到20世纪八九十年代，我国历史文化名城名镇的护城河十有八九变成了“臭水沟”，成了城市黑臭水体治理的攻坚对象。眼不见，心不烦，再加上可以为城市扩建让路，不少被人们抛弃和遗忘的护城河直接被填埋掉，或者被盖到地下直接改造成了下水道，从城市的地图上消失了。

西郊河也差点成为其中的一员，几度在即将被盖上盖子的紧要关头“死里逃生”。是那些曾经被她保护的人的子孙后代，回过头来保护了她，并让她逐渐恢复了往日的光彩。

于城市巨变中朝不保夕的河流

2005年的成都，已经是有着1200多万人口的大城市，西郊青羊宫再往西5千米远的三环路已频繁堵车，而古时候的护城河"西濠"，早已被圈进车水马龙、拥挤不堪的中心城区一环路内。西郊河的两条水源二道河与三道河，也早已成了名副其实的下水道，从密集的居民区里艰难穿过，不少河段都已经被建筑物盖了起来，变成了阴沟，气味难闻。一到夏天，更易滋生蚊虫苍蝇。

这时候，有人向成都市政府提议：干脆把西郊河盖了，可以改建成新的停车场，以适应成都城市发展的需要。据统计，2005年，成都市的私家车保有量达到了40万辆左右，在每百户家庭中，有私家车的比例已经达到了22%[1]，中心城区的交通堵塞和停车难问题已经成了"老大难"。西郊河附近又布满了繁华的商业区和旅游景点，迫切要求改善交通设施；琴台路的高档餐厅连成排，到了饭点在附近找停车位往往影响了很多人聚会的心情。

在这种情况下，西郊河"加盖"的计划被迅速提上了日程。成都城市河流研究会（简称"河研会"）当即提出反对意见，并通过当时的成都市府南河综合整治管理委员会办公室（简称"府南河管委办"）向成都市政府提交了《成都水资源配置与水环境保护问题》报告。2005年7月，河研会又应邀在成都市第七次规划委员会会议上做了专题报告，在时任市长葛红林的支持下，"严格保护现有河道，尽快启动成都市水系规划"被写进了会议纪要。西郊河"加盖"计划也就这样搁置了。

但危机的解除只是暂时，真正的挑战还在后面，当城市里"闲置"的空间越来越稀少，发展的需求反而在膨胀，资源的争夺也自然会升级。2009年，成都市的私家车保有量已经突破了百万大关，四年翻了一番不止，相当于每10名成都市民中就有一人拥有私家车。[2]那时候地铁一号线尚未开通，二环高架桥的草图尚未出炉，城市道路的拥挤达到了历史性的高度，时速3千米已经成为上下班高峰期的"标准"通行速度。

汽车消费突然呈现爆炸式的增长，导致城市交通压力徒增，交通管理部门不得不顶着巨大的压力，想尽办法为不断增长的新车牌挖掘新的交通余量。"内环单向环线必须接上"，原成都市城乡建设委员会城建处一位负责人在接受《南方周末》记者采访时说，

1 张国鸿：《四川省统计局：四川私家车92.7%在成都》，《成都商报》，2006年5月15日。
2 成都市统计局：《2009年成都市国民经济和社会发展统计公报》，http://gk.chengdu.gov.cn/govInfo/detail.action?id=230248&tn=2。

“成都每天新增1600多辆汽车，我们几个月修出来的公路，几天里增加的汽车马上就能填满”。[1]

旧案重提，古河断流

随着成都市七大新兴产业之一的汽车产业的快速发展，城市交通的压力更加凸显。所以，几年前才被搁置的西郊河“加盖”计划，重新被摆上了桌面。这一次，是成都市城乡建设委员会牵头，准备将西郊河青羊正街至西安南路河段700米长的河面盖上水泥板，使其变成路面——这段水域的位置恰好是城市交通“内环单向环线”最后的缺口。2009年10月，建设方正式对外宣布准备动工，此时工程已经完成了施工招投标、环境影响评价、防洪论证、前期拆迁等一系列工作。

10月14日、15日两天，成都市四家主要报纸《成都日报》《成都晚报》《成都商报》《华西都市报》集中发布了“西郊河盖盖子，河道变车道”的新闻，并预告当月20日工程就要开始施工。施工公司的一位经理代表建设方向大家宣布，“到明年2月底，成都市民就可以在西郊河上开车通行了”[2]。他着重宣传了三点：第一，道路建成后宽25米，双向4车道，是内环路交通改造最后一个关键节点；第二，工程不会破坏大树，两岸一百多株黄葛树将会保留；第三，河上的水泥盖实际上是“高架桥”，留有换气通道，不会让河水变“死水”。

河研会工作人员杨帆最早从报纸上看到了这个消息，大吃一惊。她以为这事儿早都说通了，哪知道才过去4年，有关部门又要把西郊河给“盖”起来了。她急切地想了解西郊河改造的详细情况，但她和同事查阅相关部门网站后，没查到任何有关该工程的具体信息。于是，河研会组织了一次实地考察，十余名志愿者陪同水利专家走访了西郊河、饮马河，了解工程进度和两岸民众的想法。当月21日，他们再度来到现场，发现河水已经被截流，在二道桥至遇仙桥段，断流的河床上铺设了沙石，西郊河已完成了23根高架桥桩基的搭建，包括原跨河而建的文化公园和琴台路宾馆的两座老桥也已拆除完毕……

1 潘晓凌、张承昕：《成都，被“暂缓死刑”的河流》，《南方周末》，2009年11月25日。
2 李庆、吕澜希：《顺着西郊河河道 成都将建首座水上高架桥》，《天府早报》，2009年10月15日。

陪伴成都古城一千余年的西郊河，情况告急！

杨帆和她的同事王玲珍等人连夜撰写了《关于将成都古护城河西郊河变车道的紧急建议》，并向市长信箱投送，呼吁政府相关部门召开听证会，广泛听取民众意见，暂停工程。他们在这份建议中说：“城内河道的消失，不仅仅是人文历史地域文化的失落，不仅仅是城市美学景观的缺憾，更是城市中最佳生态廊道的破坏，直接影响城市的可持续发展。世界历史上许多城市，因水环境恶化而没落消亡的事例，是触目惊心的。在提倡科学发展的今天，在市委市政府着力将成都打造成中国西部宜居城市的今天，我们绝不能重蹈覆辙。”

有新主张：西郊河不“盖”完

市重大办昨日组织召开会议讨论西郊河“加盖”工程如何优化设计

西郊河不再“加盖” 新方案拟建高架桥

西郊河到底加不加盖？待定

《成都晚报》《成都商报》《华西都市报》关于西郊河“加盖”的报道

生态环境意识的觉醒与舆论的反转

在2009年10月中旬的新闻报道和网络评论中，成都不少市民并没有表现出对河道“加盖”工程的反对。甚至有市民在报纸上表示，工程不仅缓解了交通压力，还遮蔽了污水，也算是对城市的一次“美容”。

2009年11月10日，《天府早报》首先发出不同声音，通过成都河流保护志愿者的担忧和质疑，向广大市民和政府部门传递另一种角度的思考。[1]西郊河经百花潭汇入南河，如果加了“盖”，水系脉络会不会被破坏？锦江水质会不会进一步恶化？西郊河遇仙桥至十二桥河段植被覆盖率较高，河段生物多样性程度较高，工程会不会破坏生态平衡？

11月11日，《读者报·影响力周刊》又发表深度报道，通过专家对“加盖”工程的分析，系统地反思了城市河流治理的困局和城市发展思路的误区。[2]从城市河流的功能定位和文化角度分析，水利专家陈渭忠说：“2005年，在搞生态修复与水环境修复时，西郊河被定为城市重要的生态河流。”河研会秘书长田军说：“成都不是道路太少，而是河流太少。”历史学家、四川省社会科学院研究员谭继和说：“西郊河是扇形水系留下来的不可多得的物证，是文化积淀、历史积累的结果，具有生态和人文双重内涵。”从城市生态和环境科学角度分析，四川大学教授艾南山说：“不能说水是臭的，就把河流加个‘盖子’，这不能解决问题。关在水泥板底下，就成了厌氧环境，肯定会更臭！”从解决交通问题的根本途径出发，上述专家都认为，不能依靠无限制的修路，而应该积极发展公共交通。

随后，更多的人从不同角度参与到西郊河“加盖”的市政工程讨论中来：专家们对“加盖”工程完成后对河流环境的影响进行分析，西郊河沿线居民对河流“加盖”后生活环境的可能变化产生担忧，环保志愿者通过走访调查提出建议……

很快，舆论发生反转，越来越多的市民开始在网络上跟帖发表自己的思考和意见，“城市扩建也要兼顾保护历史环境”“不能都用填埋的粗暴方式对待城市生态河流”“保护有限的城市水资源是每位市民的责任”等生态环境观，逐渐被更多市民接受。有人表示河流是公共资源，不应该为部分“有车一族”让道；有人提出建议，希望政府考虑其他解决方案；但也有人批评环保主义者过于极端，忽视发展……

1 李庆：《西郊河“加盖”小心变成臭水沟》，《天府早报》，2009年11月10日。

2 许夏颖：《成都西郊河：被“捂”住的都市血管》，《读者报·影响力周刊》，2009年11月11日。

2009年11月23日，成都市水务局约见了环保志愿者杨帆和王玲珍。成都市水务局负责人向两人通报了成都市政府决定暂停西郊河“加盖”工程的决定。“局长告诉我们，市政府有关领导从舆情通报上得知民间对西郊河改造工程的反对意见后，当天上午召开了紧急会议，决定暂停工程。”杨帆说，成都市水务局还告诉她们，市政府会议要求相关部门重新改进方案，“河流和道路同样重要，不能因为道路牺牲了河流”。[1]

消息一传出来，众多专家和环保志愿者兴奋异常。“政府肯倾听民意，很务实！”艾南山教授向记者表示，他认为，此次工程暂停后，将不太可能还在河道上“加盖”了。

tigation

成都西郊河
被“捂”住的都市血管

人文及生态双重内涵

“突然而至”的惊人消息

命运多舛的西郊河

《读者报》关于西郊河“加盖”的报道

2009年10月17日，河研会组织西郊河乐水行

[1] 祝楚华：《顺应民意，西郊河“加盖工程”紧急暂停》，《成都商报》，2009年11月25日。

多方讨论，民主协商，寻求最好的解决途径

西郊河“加盖”工程停工后，11月27日，成都市政府召开了一次专题会议，就工程方案的调整向各部门征求意见，最早向市长信箱写信表示反对西郊河“加盖”的河研会志愿者们也受邀参加了会议。

成都市公安局交通管理局的有关负责人首先对工程的必要性做出了解释，寻求更多的理解和支持。随后，设计单位成都市市政工程设计研究院提出了三种优化方案。这几种方案在文物保护部门、水务部门、园林部门的专家们看来，各有优劣。

2010年5月7日，河研会工作人员王玲珍又接到参加西郊河工程方案研讨会的通知。参加这次会议的单位更加多元，除了成都市建委、水务局、公园建设管理处等单位，成都市环保局以及成都市人大代表、市民代表也参与了进来。建设方做出了妥协：高架桥抬高到离地面五米，覆盖河面的面积也减小了一大半。但反对方对这一方案仍不满意，而建设方并未提供更多可供讨论的备选项。

于是，新一轮的媒体报道、商榷、方案改进开始了。也不知从哪天起，在长达16个月的大讨论以后，西郊河“加盖”工程前期已动工段的河流环境恢复了部分风貌……

守护河流健康，守护家园，还在继续……

最终，西郊河没有被盖上“盖子”。成都市的交通建设依然在多方博弈中推进，汽车依然在增多，交通建设也不断完善，拥堵仍不可避免，城市的管理者和生活在这座城市里的人一直在努力寻找生活、改变和发展的平衡点。

2010年9月27日，经过三年多的施工，成都地铁1号线开通运营，成都成为中国第八个

开通地铁的城市（中国香港、澳门、台湾地区除外）。截至2020年12月，成都地铁共开通12条线路，线路总长518.96千米，成都成为全国地铁运营里程最快突破500千米的城市，正式跻身国内轨道交通“第四城”。

从2012年开始，为了贯彻党的十八大提出的生态文明建设要求，成都市启动了“环城生态区”（六湖八湿地）建设，决定沿绕城高速公路两侧，傍河造湖，依势造景，建造六座湖泊和八片湿地（水生作物区）。

2014年开始，成都市被列为全国水生态文明建设试点城市，周边市县相继建成了一批湿地景观。

2015年—2017年，成都市排查黑臭水体（城区53段、郊区市县243段），并开始进行划片治理，2017年7月，包括西郊河在内的城区53段黑臭水体全部治理达标。

2017年，成都市全面实行“河长制”，城区里的每一段河流都落实了“街道河长”，被挂牌保护。

2018年，作为“锦江绿道西郊河综合改造示范工程”，西郊河综合改造工程完工。

河流变得清澈，西郊河两岸绿树成荫，道路也没有更拥堵，从槐树街一直到二环路西一段，从文化公园到杜甫草堂、浣花溪，锦江水生态治理和锦江绿道建设取得了阶段性成果，人与自然和谐统一的建设理念得到了实践证明。

停工后的西郊河 摄影 / 宋明远

环境计分卡：一种基于公众自然教育的方法

文/王玲珍

滋润成都平原的“世界遗产”——都江堰水利工程 摄影/李忠义

河流是生命的摇篮

生命起源于水。总有一条河流象征着一个古国，总有一方水土养育着一时文明。回顾历史，先民栖身的第一座山洞、围建的第一座村寨、垒砌的第一座城市，大都诞生于江边河畔。先民的第一首赞歌也常是献给河流母亲的。

历朝历代的诗歌作品中，多情的诗人和歌者总是把河流比作慈爱的母亲，赞扬她无私地哺育着众多民族，浸润着人类的灵魂。

我国水资源现状

我国是一个水资源短缺的国家，水资源分布不均。近年来我国连续遭受严重干旱，旱灾发生的频率提高，影响范围扩大，持续时间和带来的损失都在不断增加。目前全国600多个城市中，一半多的城市缺水，其中一部分城市严重缺水。与此同时，由于人口的不断增长，缺水问题将会更加突出。

我国水资源人均占有量低。我国水资源总量居世界第六位，但是我国人口众多，人均占有水资源量只有2500立方米，约为世界人均水资源量的1／4，世界排名在百位之后。

我国水资源分布不均。长江流域及其以南地区国土面积只占全国的36.5%，其水资源量占全国的81%；淮河流域及其以北地区的国土面积占全国的63.5%，其水资源量仅占全国水资源总量的19%。

可作为饮用水源的仅为Ⅰ类、Ⅱ类、Ⅲ类水体。2016年我国达不到饮用水源标准的Ⅳ类、Ⅴ类及劣Ⅴ类水体在河流、湖泊（水库）、省界水体及地表水中的占比分别高达28.8%、33.9%、32.9%及32.3%。2016年，1940个全国地表水评价考核断面中，Ⅰ类、Ⅱ类、Ⅲ类、Ⅳ类、Ⅴ类和劣Ⅴ类水质断面分别占2.4%、37.5%、27.9%、16.8%、6.9%和8.5%。

水污染正呈现从东部向西部发展，从支流向干流延伸，从城市向农村蔓延，从地表向地下渗透，从区域向流域扩散的趋势。

水环境治理与公众参与

没有决策层合理的决策和公众的参与，再先进的技术也不能从根本上改善河流污染的状况。

缺少公众参与的“环保风暴”，刮得再猛烈也只是“人治”，而不是一种可以持久的制度力量。解决中国严峻环境问题的最终动力来自公众，而只有公众充分行使了知情权、参与权、表达权、监督权，积极主动地投入环保工作，才能最有效地改善当前的形势。

公众参与的前提是公众充分了解环境所面临的具体问题，只有更有效的了解，才能促成更有效地参与。因此，探讨一种行之有效的方法，对于促进公众参与尤为重要。

环境计分卡的引入

2008年1月8日—9日，由世界自然基金会、可口可乐公司支持，成都城市河流研究会（简称“河研会”）主办了“河流健康环境计分卡”培训，邀请了与成都河流密切相关的人群（包括自来水公司、污水处理厂工作人员，高校师生及流域村民等）参与，由美国环境计分卡专家杰伊·谢尔曼（Jay Sherman）负责培训。该活动得到了流域公众的大力支持与广泛参与。

什么是环境计分卡

环境计分卡是一个同时具有环境健康监测和公众自然教育功能的定量指标评价体系。

首先在广泛的范畴里选取不同的指标评价类别，在不同的类别下选择不同的评价指标；然后用字母或者分数来表示不同的等级；最后综合不同指标的评价得出整体评价。

与其他指标评价体系不同的是，它从一开始的指标构建到最后的评价报告，都会考虑到大众（从普通老百姓到决策管理者）的非专业性和理解力。因此，环境计分卡虽然以科学的研究和监测为基础，但是评价的过程及结果却生动有趣、通俗易懂。

通过具有代表性的指标反映出问题并识别和诊断出影响河流健康的因素，我们能够有效找到问题的原因和解决问题的方法。

环境计分卡的内容

环境计分卡的内容主要包括以下7点：

(1)评分标准及等级；

(2)指标类别；

(3)指标类别下的具体环境指标；

(4)所面临的问题及挑战；

(5)针对具体问题的办法及建议；

(6)所取得的成绩和进步；

(7)提供给公众参与的机会及行动指南。

环境计分卡的开发与应用

为进一步推动河流健康环境计分卡的开发与应用，河研会组织课题组于2008年以成都饮用水水源河流柏条河为对象，初步开发编制了一套评价河流健康状况的计分方法。

河流健康环境计分卡指标体系

河流健康环境计分卡指标体系如表1和图1所示。

表1　河流健康环境计分卡指标体系表

指标类别	具体指标
水质状况	① CODMn(高锰酸盐指数)　② NH_3-N (氨氮含量) ③ 粪大肠菌群　④ TP (总磷)
水量状况	枯水期流量与河道基本流量比
河岸带状况	① 河岸固化率　② 河岸植被连续性　③ 河岸植被带宽度
生物多样性状况	① 河岸植被结构完整性　② 鱼类种类变化率
水资源开发利用状况	水资源开发利用率
沿岸居民环境意识状况	沿岸居民环境意识（问卷调查评分）

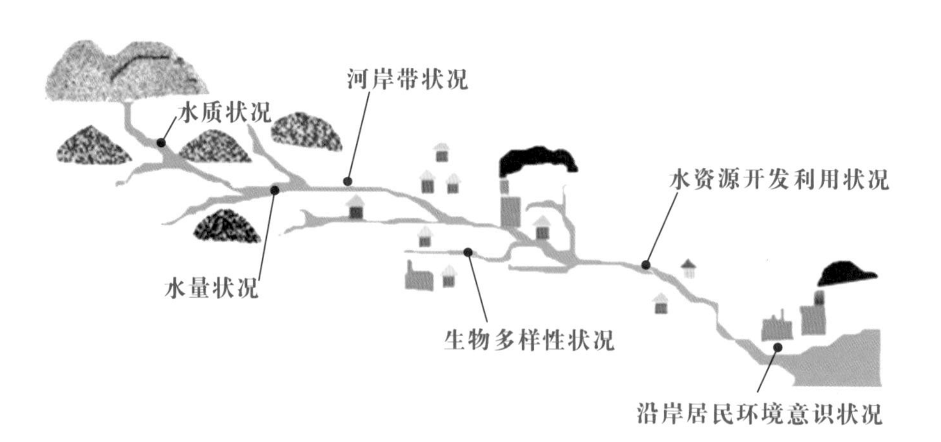

图1　河流健康环境计分卡指标体系图示

指标评价标准

要确定河流健康与否，首先要有一个健康的标准或参照系。生态系统健康是一个管理目标，健康标准的确定对其可操作性极为重要。结合当前河流的实际情况，评价标准可以通过以下方法确定：①查阅历史资料；②实地考察；③多区域河流对比分析（或称参照对比法）；④借鉴国家标准与相关研究成果；⑤公众参与；⑥专家评判。

以水质状况为例，我们参考国家地表水水质标准、饮用水水源标准设定相应评价标准。达到Ⅰ类标准的为100分，达到Ⅱ类标准的为85分，达到Ⅲ类标准的为75分，达到Ⅳ类标准的为60分，达到Ⅴ类标准的为40分，评分计算方法采用插值法进行计算。

河流健康评分

按标准对各指标进行评价并得出平均值，最终得到河流健康状况的平均分值，如表2所示。

表2　河流健康状况评价表（五级评价）

分值	健康状况	标志
90~100分	很健康	
75~90分	健康	
60~75分	亚健康	
40~60分	病态	
0~40分	病重	

柏条河健康环境计分卡报告

通过收集、整理、实地调查，我们编撰了《2008年柏条河健康环境计分卡报告》。

该报告通过图表、照片等形象生动的方式，将柏条河的健康状况公之于众，使公众明白柏条河目前的健康状况和当前河流保护的不足之处，希望引起大家对柏条河的关注，启发对河流的关爱之心，引导大家共同参与到河流保护中来。

为河流把脉——河流健康环境计分卡操作指南

柏条河健康环境计分卡的开发与应用，获得了公众的广泛支持与参与。在此基础上，世界自然基金会（WWF）与成都城市河流研究会合作，结合长江上游流域特点，希望建立一套适用于本土河流的河流健康状况评价体系，并通过这套评价体系对河流健康状况进行综合评价，最终将结果以生动形象、通俗易懂的环境计分卡报告形式展现给流域内相关利益群体。同时，合作双方希望搭建一个评价河流健康状况的信息平台，对引起河流环境恶化的各种影响因素进行识别和诊断，并有针对性地提出改善河流健康状况的建议，从而进一步推动改善河流健康状况的积极行动。

2009年，在课题组成员的不断努力和实地调研下，《为河流把脉——河流健康环境计分卡操作指南》成功出炉。这份指南旨在帮助那些关心河流、管理河流的公众和机构了解河流的过去与现在，积累起河流健康信息的第一手宝贵资料，着手建立有关河流健康状况的档案，构架通往河流健康美好未来的桥梁。

我们每个人都是污染的受害者，同时也是污染的制造者。维护河流的健康生命，需要我们大家共同的努力和行动。

乡村护水队：社区自组织培育助力社区环境治理的经验与思考……

文/成都城市河流研究会

“乡村护水队”时间轴

2005年起

成都城市河流研究会（简称“河研会”）在成都市郫都区安德镇安龙村实施“闭合循环生态家园”项目。

2013年

安龙生态示范村就“安龙模式”减少污染物排放和环境保护的功能接受效果评价。

2015年11月

郫都区唐元镇政府邀请河研会入驻柏条河饮用水水源地临石村开展环境治理工作。

2016年

四川大学新能源与低碳技术研究院对“安龙模式”实施第三方评估。

2016年初

河研会“社区生态环境女性赋能”项目在临石村开展，修建临石村水环境教育中心。

2016年8月

临石村妇女自发开展河道的日常巡护与垃圾清理。

2016年10月

12名妇女成立郫都区临石村水源地护水队（简称“临石村护水队”），河研会协同拟定工作范围。

2016年11月

妇女与社区生态环境保护论坛上，郫都区水务局为临石村护水队授旗“唐元镇临石村巾帼护水队”。

2017年3月8日

临石村护水队获郫都区妇联授予“巾帼英雄志愿者团队”称号。

2018年

临石村护水队村民尝试修建生态设施——堆肥池和人工湿地。

2019年11月

临石村护水队骨干出资，注册社会组织“成都市郫都区水源地之家社区服务中心”。

2020年8月

四川省水利厅、四川省河长办、成都市水务局、郫都区水务局、郫都区团委对临石村护水队进行实地调研。

2018—2021年

河研会在郫都区安德街道安宁村、金牛区汇泽社区、郫都区唐昌镇锦宁村等地，先后成立了“徐堰河护水队”“汇泽环保志愿队”“锦宁村护水队”等社区环保志愿自组织。

2021年4月

中央电视台采访临石村护水队。

成都市郫都区位于四川盆地西平原区、川西平原腹心地带，地势由西北（有小部分丘陵）向东南倾斜（大部分是平地）。郫都区地处成都市上风上水的西北部，区内河流均为都江堰内江水系，主要河流有蒲阳河、走马河、沱江河、柏条河、徐堰河、毗河、府河、江安河等八大干渠。郫都区承担着成都市主城区90%以上的饮用水供水任务，是成都市重要饮用水水源所在。

郫都区总面积438平方千米，下辖9个街道、3个镇，2021年成都市第七次人口普查为167.2万人，2021年郫都区实现地区生产总计724.2亿元。郫都区原名郫县，2017年1月才正式改为郫都区，驰名全国的“郫县豆瓣”传达着当地浓厚的农村气息。辖区内农村面积较大，大量以农为业的居民依然延续着古老的农村生产生活方式。

安龙模式：
一个村子的“闭合循环生态家园”实践

从2005年起，河研会在成都市郫都区安德镇安龙村开展试点，为当地农民建设包括沼气池、生态旱厕和人工湿地的生态闭合设施，处理家庭生活废弃物；倡导当地农民采用生态种植的生产方式，将处理后的家庭废弃物还田，形成在地循环。同时，河研会在安龙村推动社区支持农业（CSA，Community Supported Agriculture），引入城市消费者购买生态蔬菜，鼓励农户持续从事生态农业；河研会还通过环境教育，推动当地村民主动关心和参与环境保护。

河研会深耕安龙村15年，探索出可持续生态示范村的“安龙模式”，有效改善了成都市区上游农村面源污染问题。“安龙模式”是单家独户的“家庭模式”，在单个家庭中以“沼气池、生态卫生旱厕、人工湿地、可持续农业、环境教育”为主要支撑元素，探索农村面源污染治理方式，以期在农村河段实现“主动不污”，初步形成了闭合循环式的农户生态家园系统。尤其可贵的是，“安龙模式”在单个农户的层面上有效控制了农村面源污染，实现了一定的经济效益，展示了长期可持续性，提升了农户的环保意识，显示了保护水源地的潜力，具有很强的标杆性意义。

2013年，河研会完成了对安龙生态示范村的效果评价，确认了“安龙模式”在减少污染物排放和环境保护上的积极影响；2016年，河研会委托四川大学新能源与低碳技术研究院实施第三方独立全面评估，评估显示了“安龙模式”在保护水源地和治理农村面源污染上的潜力。

但是，“安龙模式”也存在明显的不足。由于生态农户数量小，对区域农村污染控制和水源地保护的具体贡献有限。农村城镇化的不断推进，尤其是近年来的集中居住模式，极大地阻碍了安龙村生态家园模式长期稳定的发展以及在其他地方的推广。安龙村的村民参与环境保护，是一种“家庭参与”方式，整个社区的大面积动员和聚合并未形成，缺乏规模效应；安龙村村民建设“生态家园”的动机不一，部分村民的主要动力源自提高经济效益，对参与环境保护、公共事务的积极性参差不齐。而以上诸多客观原因，导致“安龙模式”难以在公益的层面上有进一步的拓展。

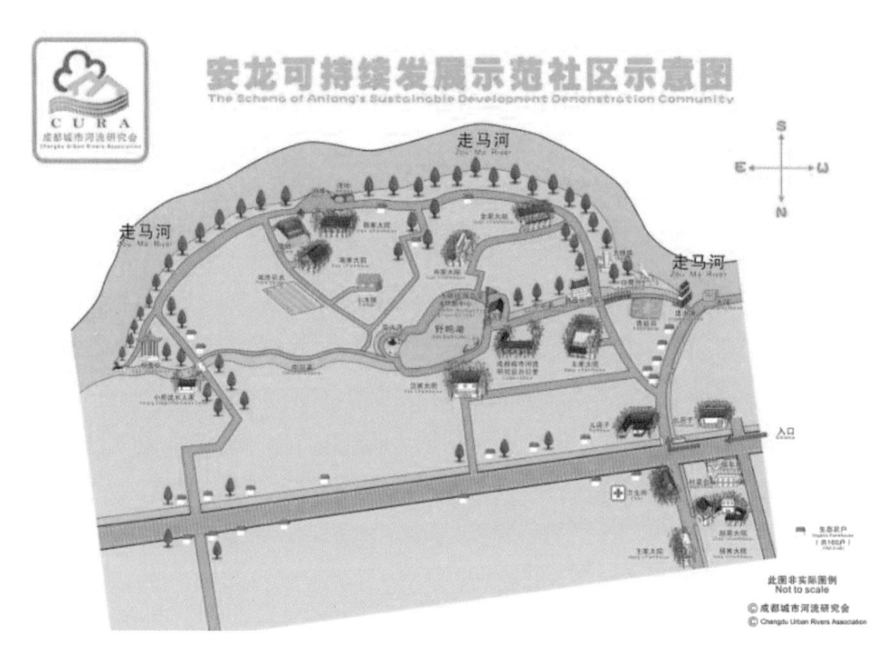

安龙可持续发展示范社区示意图 供图/河研会

临石模式：
社区参与动员，“乡村护水队”应运而生

成都市郫都区唐元镇临石村，距离成都市区约30千米，地处柏条河旁，是成都饮用水水源地核心区。柏条河是都江堰灌区唯一一条没有电站、自由奔淌的生态河流。临石村距离成都市自来水六厂B厂直线距离仅5千米，主要以农业生产中传统种植、养殖为主。

临石村地处饮用水水源地保护核心区，水源保护工作是当地的重中之重。2015年11月，郫都区唐元镇政府邀请河研会入驻临石村，由此开启了临石村新一阶段的环境治理工作。

2016年初，河研会专家、工作人员和志愿者进入临石村开展水源地保护工作，通过问卷调查、入户了解、产业现状及河流环境评估等多种方式，确定在临石村妇女中开展“生态环境女性赋能”工作，多次组织临石村妇女参与培训会、工作坊、外出参访生态农户以及公众倡导等活动，提升村民的环保意识和社会责任感，鼓励村民积极参与环境保护等公共事务。

2016年8月，临石村妇女开始开展河道的日常巡护工作，不定期对河道、沟渠的垃圾进行清理，她们的环保意识与环保行动影响了周围村民，提升了水源地村民们的环保意识。

2016年10月，12名临石村妇女正式成立了唐元镇临石村水源地护水队，成员年龄介于40岁至60岁之间，从事工作包含花卉种植、蔬菜种植、园林管理、厨师等，他们志愿长期保护河流，保护水源地，保护环境。临石村护水队正式成立后，自行组织开展巡河、护水、清理当地沟渠等环保行动。为规范和引导临石村护水队进行公益活动，河研会与临石村护水队成员一起拟定了工作范围：日常河道垃圾清理、定期巡河、社区环保宣传、对外环保倡导、发展生态农业等。

临石村护水队每月至少组织2次义务“清源行动”，护水队成员自带工具，分工合作，清理沟渠垃圾。行动是最好的教育，她们在保护家园的同时，也起到很好的宣传作用，带动和影响村民参与其中。临石村护水队的“清源行动”还得到村委会的支持，村委会组织安排环卫工人参与垃圾清运，共同保护居住环境。“清源行动”每次可打捞河面漂浮物约200千克，年均清理河道垃圾约4800千克。除此之外，临石村护水队还针对垃圾问题提出解决方案——垃圾分类、堆肥回田、发展生态农业，从源头减少河道垃圾量。

2016年11月，全国首届妇女与社区生态环境保护论坛在成都市郫都区召开。作为社区环保的参与者，临石村护水队成员和来自全国各地的生态环保专家、女性环保志愿者、生态农业实践者进行了分享与交流。郫都区水务局领导在现场为临石村护水队授旗“唐元镇临石村巾帼护水队”。

2017年3月8日，临石村护水队被郫都区妇联授予“巾帼英雄志愿者团队”称号。

2018年，临石村护水队骨干尝试修建了生态设施——堆肥池和人工湿地。在修建生态设施过程中，河研会的技术人员与村民就每个步骤仔细讨论，解释原理，现场手把手示范技术细节，并根据村民的生活习惯调整方案。由此，村民不仅学会了如何使用新设施，还不断加深对生态环境与自身关系的理解。设施竣工投入使用后，村民自然而然转变成使用者、管理维护者和生态农业理念的传播者。生态设施的建设和运营，不仅增强了村民对生态理念的理解和认可，更成为传播生态理念、发展生态村民骨干的有效途径。

妇女与社区生态环境保护论坛在郫都区召开 供图/河研会

郫都区水务局向临石村护水队授旗 供图/河研会

临石村护水队进行清源活动 供图/河研会

社区服务：护水队成为“守护河流守护家园”的社会组织

临石村护水队刚成立的时候，固定每个月组织两次“清源行动”，下河清理垃圾；后来河里的垃圾减少，就改为每个月20号定期清理一次。在河研会的引导下，临石村护水队既能有组织地行动，又能自主地讨论，于2017年形成了章程清晰、分工明确的制度。

2019年，临石村护水队8名骨干每人出资3750元，于11月注册了一家社会组织“成都市郫都区水源地之家社区服务中心，以一位返乡青年为法定代表人。该组织正式注册后，就承接了村委会委托的堆肥站的管理（公共服务资金支持），有了一笔相对稳定的资金来源。

临石村护水队不怕脏和累，不怕讽刺与挖苦，更没有因为困难而退缩，一次次的宣传与倡导、一次次清理湿地公园及周围灌溉沟渠垃圾、一次次的辛劳付出，让水源地一级保护区的河道和环境变得更洁净，影响和带动周边村民一起用实际行动保护水源地。自成立以来，年度开展活动超过20次。

临石村护水队也受到了社会各界的关注与支持，2019年至2020年间获得“成都市最美护河人”“郫都区妇联巾帼志愿服务优秀团队”“郫都区社治委优秀社会组织”“四川省河长办民间志愿者组织一等奖”“水利部民间志愿者组织三等奖”“第五届中国志愿服务项目大赛四川省赛金奖”等荣誉。临石村护水队骨干江英华在2019年被评为成都市三八红旗手，她的家庭在2020年被评为四川省五好家庭、全国五好家庭。

2020年8月，四川省水利厅、四川省河长办、成都市水务局、郫都区水务局、郫都区团委等领导赴临石村实地调研，临石村护水队骨干向领导汇报了护水队在区、镇、村各级行政机构的指导下开展河道垃圾清理、垃圾分类、生态堆肥等公益活动。在临石村护水队的示范和宣传、河研会的助推和技术支持下，周边社区正纷纷成立新的水源地护水志愿者组织，为水源地环境保护形成志愿者网络铺好基础。四川省水利厅领导在听了临石村护水队工作汇报后，对护水队开展公益护水行动给予肯定和表扬。

2020年末，临石村护水队更是在政府购买社会组织服务时，与河研会同台竞标并成功中标。河研会则一路陪伴和见证了护水队的诞生与成长。

2021年3月，临石村护水队受到郫都区妇联慰问。

2021年4月，中央电视台前往临石村水环境教育中心采访临石村护水队。

临石村项目点的工作继承了河研会在安龙村十多年的工作经验：投入专业的环保设施，注重改变村民生产生活方式，注重在环境改善过程中让村民获得经济收益。

星火燎原：社区“护水队”模式在水源地的推广

农村社区自组织的示范作用不仅在本村产生效益，还会对周边村落发挥效益。

临石村护水队运营一段时间之后，发现总还是有大量垃圾从上游漂下来。有人提议在河流进入临石村的地方拉一道网阻挡垃圾，但是拉网会导致垃圾的沉积，阻塞河道，涨水的时候会引发水灾。临石村护水队的成员就和河研会的工作人员一起去上游永安村沟通，协商进行共同守护河流的公益行动。听说下游临石村有护水队在开展“清源活动”，永安村村民觉得自己村里也应该有护水队进行环境清理活动，于是也在河研会的指导下成立了一支由村民参与的护水队，每月22号定时行动。从乡间干道沟渠到各家院落，志愿者来自社区各个年龄段，上至耄耋之年的老人，下至蹒跚学步的稚子，还动员了附近小学和大学的学生参与，经常参加的村民有50~60人，每次能够组织召集20~30人。永安村护水队每天清运院落分类出的其他垃圾约100千克，年清理垃圾约36.5吨。

临石村护水队的实践，探索出一条社区参与水源地保护的途径。2018—2021年，河研会又将“临石模式”带到郫都区安德街道的安宁村、金牛区的汇泽社区、郫都区唐昌镇锦宁村等地，先后成立了“徐堰河护水队”“汇泽环保志愿队”“锦宁村护水队”等社区环保志愿自组织。

2020年11月，在“乡归河处·展望未来”论坛上，来自成都市水源地保护区和金牛区的5支社区自组织第一次实现了“大集合”。大家一同开展成长培育经验整理与分享，对环保志愿自组织的发展行动进行反思，展望社区志愿者队伍在环境保护中的重要作用和发展前景，大家一致认为“护水就是护家园”。这无疑是对“护水队”模式一次非常好的定义。

护水队与河流专家一起走上“金沙讲坛” 供图/河研会

成都市几支水源地护水队参加“乡归河处·展望未来”论坛现场 供图/河研会

探索与思考：从“安龙模式”到“临石模式”

从“安龙模式”（家庭参与为主）到“临石模式”（有组织的社区行动），再到“临石模式”在其他水源地社区的复制推广，让河研会对“坚持河流环境保护、社区环境治理实践、在水源地的河流沿岸建立起生态乡村保护带、实现社区经济和环境的可持续发展”，对在水源地培育环境保护自组织，有了更多的思考。

个体意识到公共意识的转变 促进关注公共议题、共同提出议题的解决方案、尝试与外界的互动、找到解决方法后能付诸行动的有组织、有原则、有归属的社区志愿者队伍，实现从个人视角到公共视角的转变。个体意识到公共意识的转变是如何发生的？从“安龙模式”和“临石模式”可以看出，随着知识和实践的不断增加，村民的态度逐渐发生变化。特别是实践引起的村民与外界互动的增加，成为村民看问题从利己角度向公共视角转变的引子。但只有引子还远远不够，还需要更多公共意识的“刺激”。为此，河研会开始尝试从公共议题切入，营造公共文化，打造公共空间，同时寻求政府、媒体、学校等多元力量的支持，持续激励村民主动参与社区公共事务。

公共议题的提出 通过生态学习和生态实践，部分村民萌发出社区环境意识，有了关注社区公共事务的想法（特别是针对最严峻的河道垃圾问题），开始自发开展“清源行动”，却被其他村民笑话是捡垃圾的。此时，河研会意识到需要给予他们充分的支持，以保护刚萌发的、来之不易的公共意识。为此，每次学习结束后，河研会先以外来者的身份召集大家开展“清源行动”，由此减少村庄舆论带给他们的压力。而将学习与参与公共事务结合在一起的方式，又潜移默化地巩固了村民的公共意识。

公共空间的建立 在离成都饮用水水源柏条河只有150米的地方，临石村村民捐赠了一处老房子的10年使用权；在公众筹款和基金会的资助下，河研会将其改建成临石村水环境教育中心。公共空间增加了村民聚会、学习的机会，社区氛围越来越活跃。村民用创作护水诗歌、小品的方式来表达对家园的爱护，展现对环境友好的低碳生活方式，还清流于大海的梦想。村民胡雪梅说：“每次一起清理河道，就特别开心，就像一个聚会，边劳动边摆龙门阵”。后来“清源行动”就变成了“清源聚会”，还有了共同的口号——护水就是护家园。清流文化的公开表达不仅增强了临石村护水队的自豪感，也更容易吸引其他村民的关注。护水故事被写入唐元小学乡土教材《清流环保实践课程》中，更是一件里程碑式的事件。村民不仅感受到护水行动能守好绿水青山，还能为下一代的教育和社区未来做出贡献。

公众认可 从个人领域走到公共领域的过程非常艰难，不仅要持续营造关注公共事务的氛围、提升社区居民的公共意识，还需要有外界的肯定。除了外部参访带来的肯定和自豪感外，政府部门，特别是与村民接触最多的村两委、当地镇政府对村民行为的合法性和社会价值的肯定，对村民显得尤为重要。此外，媒体的广泛报道，也使临石村护水队参与公共事务的信心更加坚定。

从意识到行动 河流保护具有公共性和流域性的特点，需要河流沿线村民集体行动才能实现。如何让村庄一起行动？随着村民逐渐理解河流保护的价值和意义，一些认可生态理念且愿意参与公共事务的村民，开始走到一起，自发以小组形态去关注家园保护，临石村的水源保护工作以此种方式进入新阶段。

从小组到组织——几个人的力量还远远不够，需要将自发形成的松散小组转变为管理规范、目标明确、运转高效的团队，发挥团队力量去带动更多人关注水源地保护，所以就有了临石村护水队的组建以及持续的行动。此后，村民发现自身关注的社区生态农业、公共事业等议题，都需要通过组织的形式去对接市场，去与村委会及政府部门对话并达成合作，或自发寻找解决方案来争取更多资源。

自组织培育——自组织培育是河研会从技术型机构转型为社区发展机构过程中持续关注、摸索的议题。2017年，在基金会支持下，临石村护水队有了第一笔公共资金。村民在公共资金使用过程中逐渐完善了分工与协作，慢慢有了组织化概念，建立了规章制度，并能更独立地与政府部门、游学团队开展合作，逐渐向真正意义上的社会组织转化。他们也在实践中逐渐成熟，在水源地保护中发挥重要作用。

能力建设——护水骨干参与能力建设培训。河研会逐渐认识到，村民能以护水队这样组织化的形式参与乡村治理和环境保护，很大程度上得益于资金使用权回到了村民手中，村民的意见得到了尊重，村民的意愿得到了表达，护水清源和生态农业都是村民愿意做的，河研会的工作最有价值的部分是激发了村民参与水源保护的内生动力。伴随着村民掌握了一定的生态理念和公共意识，河研会将尝试协助村民建立社区水基金，通过更多元的方式实现水源地的保护。

附：成都城市河流研究会历年民间环保自组织孵化情况（2016—2020）[1]

成都市郫都区唐昌镇临石村巾帼护水队

成立于2016年，12名骨干志愿者以临石村妇女为主体，活动区域地处成都市一级饮用水源地——柏条河边。成立以来，除每月进行一次清源行动外，还自主开展有机农业、生态堆肥、散居湿地闭合式生态小循环等环保活动。2019年成功注册为社会组织——成都市郫都区水源地之家社区服务中心。注册以来，“水源地之家”成功自主申请政府、基金会的环保项目，并在成都市水源地社区持续开展环保宣传活动。目前已多次获区、市、省级志愿者组织奖项。

成都市郫都区唐昌镇永安村护水队

成立于2018年，志愿者30～50人，活动区域地处成都市一级饮用水源地——柏条河边。从成立始，将每月一次的清源活动持续进行至今，是成都市水源地社区护河行动的主要力量。

成都市金牛区汇泽社区环保志愿者队

成立于2019年9月20日，保持20余人的队伍。汇泽社区地处成都市沙河源，团队自成立以来已自发开展“社区清洁日”“堆肥制作”“绿植栽培”“社区环保宣传”等各类环保活动。

---

1 本文由杨明茗根据雷建英、祁先雄、张鸣等人所撰文章和材料整理而成。

成都市郫都区安德街道徐堰河安宁村护水队

成立于2020年，队员20人，主要由社区中的中共党员、环保队长、垃圾分拣员等组成，以村中的水源地社区绿色科普教育基地为主要活动场所。村民们从垃圾分类做起，目前已逐渐开展农废垃圾回收、社区堆肥示范、社区环保宣传、社区花园营造等环保活动。2021年，几名护水队队员经培训成为绿色乡村营造师，多次向来访者分享安宁村相关环保行动的实践故事。

成都市郫都区唐元镇天星村护水队

成立于2020年11月，保持20人左右的队伍，活动区域地处柏条河流域与蒲阳河流域间。成立不到一个月的时间，已在蕃水河流域组织开展多次清源行动和环保宣讲活动。

乡村环保组织“徐堰河安宁村护水队”参访城市环保组织“沙河汇泽社区环保志愿队”
供图/河研会

成都市青白江区，毗河两岸的田园景色 摄影/魏伟

都江堰宝瓶口 摄影/孙吉

“世界水日”与“中国水周”

世界水日(World Day for Water或WorId Water Day)

3月22日

1993年1月18日，第四十七届联合国大会作出决议，根据联合国环境与发展会议通过的《21世纪议程》第十八章所提出的建议，确定每年的3月22日为“世界水日”，旨在唤起公众的节水意识，加强水资源保护，以求解决因水资源需求上升而引起的全球性水危机。

中国水周

3月22日—3月28日

1988年《中华人民共和国水法》颁布后，为增强全民有关水的法律意识和法治观念，自觉地运用法律手段规范各种水事活动，水利部从1989年开始，确定每年7月1日至7日为“水法宣传周”。自1993年“世界水日”诞生后，考虑到“世界水日”与“中国水周”的主旨和内容基本相同，水利部从1994年开始，把“中国水周”的时间改为每年的3月22日至3月28日。

历届世界水日和中国水周主题

1994年

世界水日：关心水资源人人有责（Caring for Our Water Resources Is Everyone's Business）

1995年

世界水日：女性和水（Women and Water）

1996年

世界水日：解决城市用水之急（Water for Thirsty Cities）

中国水周：依法治水，科学管水，强化节水

1997年

世界水日：世界上的水够用吗？（The World's Water: Is There Enough?）

中国水周：水与发展

1998年

世界水日：地下水——无形的资源（Groundwater –the Invisible Resource）

中国水周：依法治水——促进水资源可持续利用

1999年

世界水日：人类永远生活在缺水状态之中（Everyone Lives Downstream）

中国水周：江河治理是防洪之本

2000年

世界水日：21世纪的水（Water for the 21st Century）

中国水周：加强节约和保护，实现水资源的可持续利用

2001年

世界水日：水与健康（Water and Health）

中国水周：建设节水型社会，实现可持续发展

2002年

世界水日：水为发展服务（Water for Development）

中国水周：以水资源的可持续利用支持经济社会的可持续发展

2003年

世界水日：未来之水（Water for the Future）

中国水周：依法治水，实现水资源可持续利用

2004年

世界水日：水与灾难（Water and Disasters）

中国水周：人水和谐

2005年

世界水日：生命之水（Water for Life）

中国水周：保障饮水安全，维护生命健康

2006年

世界水日：水与文化（Water and Culture)

中国水周：转变用水观念，创新发展模式

2007年

世界水日：应对水短缺（Coping with Water Scarcity）

中国水周：水利发展与和谐社会

2008年

世界水日：涉水卫生（Water Sanitation）

中国水周：发展水利，改善民生

2009年

世界水日：跨界水——共享的水、共享的机遇（Transboundary Water-the Water Sharing, Sharing Opportunities）

中国水周：落实科学发展观，节约保护水资源

2010年

世界水日：关注水质、抓住机遇、应对挑战（Communicating Water Quality Challenges and Opportunities）

中国水周：严格水资源管理，保障可持续发展

2011年

世界水日：城市用水：应对都市化挑战（Water for Cities: Responding to the Urban Challenge）

中国水周：严格管理水资源，推进水利新跨越

2012年

世界水日：水与粮食安全（Water and Food Security）

中国水周：大力加强农田水利，保障国家粮食安全

2013年

世界水日：水合作（Water Cooperation）

中国水周：节约保护水资源，大力建设生态文明

2014年

世界水日：水与能源（Water and Energy）

中国水周：加强河湖管理，建设水生态文明

2015年

世界水日：水与可持续发展（Water and Sustainable Development）

中国水周：节约水资源，保障水安全

2016年

世界水日：水与就业（Water and Jobs）

中国水周：落实五大发展理念，推进最严格水资源管理

2017年

世界水日：废水（Wastewater）

中国水周：落实绿色发展理念，全面推行河长制

2018年

世界水日：借自然之力，护绿水青山（Nature for Water）

中国水周：实施国家节水行动，建设节水型社会

2019年

世界水日：不让任何一个人掉队（Leaving No One Behind）

中国水周：坚持节水优先，强化水资源管理

2020年

世界水日：水与气候变化（Water and Climate Change）

中国水周：坚持节水优先，建设幸福河湖

2021年

世界水日：珍惜水、爱护水（Valuing Water）

中国水周：深入贯彻新发展理念，推进水资源集约安全利用

2022年

世界水日：珍惜地下水，珍视隐藏的资源（Groundwater–Making the Invisible Visible）

中国水周：推进地下水超采综合治理，复苏河湖生态环境

2023年

世界水日：加速变革（Accelerating Change）

中国水周：强化依法治水，携手共护母亲河

四川长江—金沙江干流及主要支流水电开发概览[1]

表1 岷江干流23级梯级电站

级次	电站名称	坝高/米	库容/亿立方米	装机容量/万千瓦	建设情况
1	观音岩	—	0.3120	13.8	建成
2	天龙湖	—	—	18	建成
3	金龙潭	—	—	18	建成
4	吉鱼	—	0.0330	10.2	建成
5	铜钟	26.7	0.0053	5.1	建成
6	姜射坝	21.5	0.0297	12.8	建成
7	福堂	31	0.0075	36	建成
8	太平驿	17.5	0.0056	26	建成
9	映秀湾	21	9.98（11.12）	13.5	建成
10	紫坪铺	156	0.3540	76	建成
11	尖子山	24	0.4995（0.5593）	6.95	在建
12	汤坝	22.3	—	6.9	在建
13	张坎	—	—	—	规划
14	季时坝	—	0.3152	—	规划
15	虎渡溪	20.01	0.3700（0.8620）	6.3	在建
16	汉阳	25	—	7.2	建成
17	板桥溪	—	1.421（2.07）	—	规划
18	老木孔	—	1.3	40.54	在建
19	东风岩	—	1.4827（2.2706）	27	前期准备

[1] 表中注明的建设情况截至2022年3月；表中各条河流电站排列的梯级级次均为由上游至下游；库容数据，未加括号者为正常蓄水位以下的库容，加括号者为校核洪水位以下的总库容；坝高，指该工程的最大坝（闸）高；本表数据来源于公开发表的报道、政府公告、环境影响报告书、科学文献等；因公开发表的数据不完整，故表中有数据空缺。

续表

级次	电站名称	坝高/米	库容/亿立方米	装机容量/万千瓦	建设情况
20	犍为	37.8	1.914（3.24）	50	建成
21	龙溪口	43	—	48	在建
22	古柏	—	—	20	规划
23	喜捷	—	—	42	规划

注：天龙湖电站是利用1933年叠溪7.5级地震形成的堰塞湖叠溪小海子作为天然水库修建的引水式电站。

表2　沱江干流23级梯级电站

级次	电站名称	坝高/米	库容/亿立方米	装机容量/万千瓦	建设情况
1	盘龙寺	—	—	2.1	规划
2	九龙滩	10.5	—	1.5	建成
3	白果	—	—	1.65	建成
4	灵仙庙	—	—	2	规划
5	养马河	—	0.2030	1.35	建成
6	石桥	6	0.1388	0.75	建成
7	吉乐源	—	—	0.75	建成
8	平泉	—	—	—	规划
9	猫猫寺	4.5	—	0.88	建成
10	临江寺	19.0	0.0994	1.71	在建
11	董家坝	22	0.2530	1.2	规划
12	南津驿	17.3	0.3860	1.38	建成
13	王二溪	13	—	1.08	建成
14	甘露寺	—	—	3	规划
15	五里店	24	0.1410	2.45	建成
16	苏家湾	—	—	2.5	规划
17	史家街	—	—	1.0	规划
18	天宫堂	—	—	1.8	建成
19	石盘滩	9.2	0.1038	1.42	建成
20	龙门镇	—	—	1.8	规划

续表

级次	电站名称	坝高/米	库容/亿立方米	装机容量/万千瓦	建设情况
21	黄泥滩	12.6	0.4120	2.07	建成
22	黄葛浩	11.2	0.2650	1.28	建成
23	流滩坝	13.5	0.3350	1.65	建成

表3　涪江干流45级梯级电站

级次	电站名称	坝高/米	库容/亿立方米	装机容量/万千瓦	建设情况
1	小河	20.5	0.0096	4.8	建成
2	丰岩堡	4.6	—	4.4	建成
3	叶塘	22.5	0.0025	2.6	建成
4	木瓜墩	—	—	2.0	建成
5	仙女堡	18.2	0.0112	7.6	建成
6	铁笼堡	163.6	5.18（5.55）	28	建成
7	古城	22.3	0.0149（0.0272）	10.0	建成
8	高坪铺	29.0	0.0981（0.1130）	9.2	建成
9	小坪子	30.5	0.0663	10.0	建成
10	南坝	—	—	2.4	建成
11	宝灵寺	—	—	2.8	建成
12	武都	120	5.51（5.72）	15	建成
13	石龙嘴	—	—	2.1	建成
14	禅林寺	—	—	1.05	规划
15	科光一级（邢家庙）	—	0.0248	2.0	建成
16	科光二级（娘娘庙）	—	—	1.1	建成
17	科光三级（北河渡）	—	—	2.2	建成
18	雄峰（斑竹园）	—	—	0.85	建成
19	围海（龙凤）	—	—	5.4	建成
20	红岩	—	—	2.4	建成
21	开元	—	—	1.65	建成
22	三江	29.5	0.2590（0.2860）	4.5	建成

续表

级次	电站名称	坝高/米	库容/亿立方米	装机容量/万千瓦	建设情况
23	丰谷	14.9	0.2586	3.0	建成
24	永安	—	—	0.45	建成
25	冬瓜山	—	0.1820（0.2270）	5.0	建成
26	吴家渡	—	0.1900（0.5706）	4.2	建成
27	明台	25.5	（0.5600）	4.5	建成
28	文峰	29.5	（0.3000）	3.0	建成
29	金华	22	0.3400	4.2	建成
30	东风	—	—	0.5	建成
31	螺丝池	28.08	0.5850（0.6100）	3.15	建成
32	打鼓滩	26.1	0.1560（0.4770）	3.15	建成
33	柳树	—	0.9500（1.92）	4.8	在建
34	红江	—	—	0.75	建成
35	吴家街	—	0.3380	6.0	建成
36	龙凤	—	0.0200	0.66	建成
37	小白塔	—	0.0200	1.6	建成
38	唐家渡	22.5	0.4562（0.9430）	4.2	在建
39	过军渡	—	0.7588（0.7697）	4.5	建成
40	三星（白禅寺）	25	0.6920	4.8	建成
41	双江	—	1.58	4.8	在建
42	潼南	30.9	0.2545（2.19）	4.2	建成
43	富金坝	—	0.6650（2.37）	6.0	建成
44	安居	31.8	—	3.6	建成
45	渭沱	—	—	3.0	建成

注：双江至渭沱的五级电站位于重庆市境内。

表4　嘉陵江干流19级梯级电站

级次	电站名称	坝高/米	库容/亿立方米	装机容量/万千瓦	建设情况
1	八庙沟	—	—	2.6	规划
2	飞仙关	—	0.7735	1.6	规划
3	上石盘	41.3	—	3	建成
4	水东坝	—	41.16	12	规划
5	亭子口	132	0.197	110	建成
6	东溪	36.8	1.54	6.6	建成
7	沙溪	34.5	—	8.7	建成
8	金银台	41	1.17（3.55）	12	建成
9	红岩子	—	1.23（3.402）	9	建成
10	新政	41	1.453（4.602）	10.8	建成
11	金溪	47.1	0.9132	15	建成
12	马回	24	4.16	8.61	建成
13	凤仪	—	0,41	8.4	建成
14	小龙门	—	1.17	5.2	建成
15	青居	—	1.65	13.6	建成
16	东西关	47.2	0.99	18	建成
17	桐子壕	56.33	0.5282（4.87）	10.8	建成
18	利泽	42	24	7.4	在建
19	草街	83.3	—	50	建成

注：利泽、草街两级电站在重庆市境内。

表5　渠江干流7级梯级电站

河段	级次	电站名称与级次	坝高/米	库容/亿立方米	装机容量/万千瓦	建设情况
渠江干流	1	金盘子	—	—	3.9	建成
	2	舵石鼓	—	—	0.5	建成
	3	南阳滩	—	—	1.12	建成
	4	风洞子（八蒙山）	—	1.79	7.5	在建
	5	凉滩	—	—	0.7	建成
	6	四九滩	—	—	2.55	建成
	7	富流滩	—	—	3.9	建成
州河	1	江口	48.9	3.2	5.1	建成
	2	罗江口	25	1.1	3.9	建成
巴河	1	三江	—	—	0.68	建成
	2	兰草	—	1.6	2.4	规划
	3	风滩	17.56	—	2.4	建成
	4	黄梅溪	—	—	1.8	规划
	5	九节滩	—	0.84	3.9	建成
	6	石佛滩	—	—	2.4	建成

注：州河、巴河在渠县三汇镇汇合后始称渠江，但业界一般把州河上的金盘子、舵石鼓两级电站视为渠江梯级开发的最上两级。州河干流除金盘子、舵石鼓两级电站外，还有江口、罗江口两级电站；巴河干流由上往下依次有三江、兰草、风滩、黄梅溪、九节滩、石佛滩六级电站。

表6　大渡河干流27级梯级电站

级次	电站名称	坝高/米	库容/亿立方米	装机容量/万千瓦	建设情况
1	下尔呷	223	28（29.3）	54	规划
2	巴拉	138	1.277（1.407）	74.3	在建
3	达维	102 107	1.766	27	前期准备
4	卜寺沟	130	2.46	36	前期准备
5	双江口	314	28.97	200	在建
6	金川	111.5	4.878（5.085）	86	在建
7	巴底	97	1.97（2.197）	72	前期准备
8	丹巴	116	2.69	156	规划
9	猴子岩	223.5	6.62（7.06）	170	建成
10	长河坝	240	10.15（10.75）	260	建成
11	黄金坪	95.5	1.28（1.4）	85	建成
12	泸定	85.5	2.195（2.4）	92	建成
13	硬梁包	38	0.2075	111.6	在建
14	大岗山	210	7.42	260	建成
15	龙头石	72.5	1.2（1.39）	70	建成
16	老鹰岩一级	30.5	0.1421	30	规划
17	老鹰岩二级	29.5	0.1177	37	规划
18	瀑布沟	186	50.64（53.9）	360	建成
19	深溪沟	49.5 50	0.3200	66	建成
20	枕头坝一级	86.5	0.4350（0.4690）	72	建成
21	枕头坝二级	54	0.0910（0.1220）	30	在建
22	沙坪一级	52	0.1867	36	在建
23	沙坪二级	63	0.2084	34.5	建成
24	龚嘴	85.6	3.18（3.39）	77	建成
25	铜街子	82	2.02	65	建成
26	沙湾	21.3 42.4	0.4554（0.4867）	48	建成
27	安谷	28.7	0.6330	77.2	建成

表7　青衣江干流19级梯级电站

级次	电站名称	坝高/米	库容/亿立方米	装机容量/万千瓦	建设情况
1	硗碛	123	2.12	24	建成
2	民治	17	0.0088	12	建成
3	宝兴	—	—	19.5	建成
4	小关子	20	0.0098	16	建成
5	灵关	—	—	7.6	建成
6	铜头	75	0.2250	8	建成
7	飞仙关	41.5	0.4710	10	建成
8	雨城	26.5	0.1100	6	建成
9	大兴	18	0.1920	7.5	建成
10	水津关	15.6	0.0596	6.3	建成
11	龟都府	15.6	0.2120	6.3	建成
12	槽鱼滩	21.8	0.2720	7.5	建成
13	高凤山	35.2	0.3300	7.5	建成
14	百花滩	19.2	0.2127（0.2618）	12	建成
15	城东	34	0.1340	8.4	建成
16	千佛岩	20	0.1250	10.2	建成
17	毛滩	20.8	0.1800（0.3000）	10.2	建成
18	杨湾	—	0.0787	3.75	在建
19	金水湾	—	—	—	规划

表8　雅砻江干流25级梯级电站

级次	电站名称	坝高/米	库容/亿立方米	装机容量/万千瓦	建设情况
1	温波寺	—	—	15	规划
2	仁青岭	—	—	30	规划
3	热巴	—	—	25	规划
4	阿达	—	—	25	规划
5	格尼	—	—	20	规划
6	通哈	—	—	20	规划
7	英达	—	—	50	规划
8	仁达	140	1.99	40	前期准备
9	林达	37	0.24	14.4	前期准备
10	乐安	26	0.1	9.9	前期准备
11	新龙	75	0.901	50	前期准备
12	共科	118	3.36	42	前期准备
13	甲西	96	1.79	36	前期准备
14	两河口	295	101.54（108）	300	建成
15	牙根一级	61.1	0.41	27	前期准备
16	牙根二级	153	2.54	99	前期准备
17	楞古	174	2.19	263.7	前期准备
18	孟底沟	200	8.535	240	在建
19	杨房沟	155	4.558	150	建成
20	卡拉	126	2.378	108	在建
21	锦屏一级	305	77.65	360	建成
22	锦屏二级	37	0.1428	480	建成
23	官地	168	7.6	240	建成
24	二滩	240	58（61.8）	330	建成
25	桐子林	66.63	0.912	60	建成

表9　金沙江干流27级梯级电站

级次	电站名称	坝高/米	库容/亿立方米	装机容量/万千瓦	建设情况
1	西绒	—	—	32	规划
2	晒拉	—	—	38	规划
3	果通	—	—	14	规划
4	岗托	—	—	110	规划
5	岩比	—	—	30	规划
6	波罗	138	6.22（8.37）	96	在建
7	叶巴滩	217	11.85	224	在建
8	拉哇	239	24.67	200	在建
9	巴塘	69	1.58	75	在建
10	苏洼龙	112	6.38	120	建成
11	昌波	58	0.12	106	规划
12	旭龙	213	8.47	240	规划
13	奔子栏	185	13.53	220	规划
14	虎跳峡（龙盘）	276	371	420	争议
15	两家人	81	0.0074	300	规划
16	梨园	155	7.27	240	建成
17	阿海	130	8.82	200	建成
18	金安桥	160	9.13	240	建成
19	龙开口	119	5.44	180	建成
20	鲁地拉	140	17.18	216	建成
21	观音岩	159	20.72	300	建成
22	金沙	66	1.08	56	建成
23	银江	70	0.594	34.5	建成
24	乌东德	270	74.08	1020	建成
25	白鹤滩	289	206.27	1600	建成
26	溪洛渡	285.5	128	1386	建成
27	向家坝	162	51.63	600	建成

后记

这本书，是献给成都城市河流研究会20岁生日的一份小小礼物。

时光回到19年前。当成都市府南河综合整治工程终于在历时十年的成都现代治水大业中画上一个句号时，陪伴着一个工程走完从政府立项、规划实施、公众参与、效果显现到国际获奖全程的地理地质专家、生态专家、水利专家、工程施工管理专家、历史人文专家和关心成都河流环境的众多志愿者们，集合在一起，这才有了今天的成都城市河流研究会。“还清流于大海”，也许是一个需要我们所有人参与才能实现的宏愿；“保护河流，保护环境，促进城乡可持续发展”的机构宗旨，则是达成这一宏愿的有效路径，故此成为众多关心生态环境人们的初心与行动指南。

因为“水旱从人，不知饥馑”的成都平原，因为“河网纵横，水波荡漾”的成都河流，也因为“九天开出一成都，万户千门入画图”的成都古城，因为“窗含西岭千秋雪，门泊东吴万里船”的美好生态环境，更因为“绿水青山就是金山银山”的生态发展观深入人心，成都正在逐渐发展成科技进步、人水和谐的“新一线城市”，并全力建设践行新发展理念的“公园城市”，对生态环境和历史文化的重视与保护正在成为人们的自觉行动。成都城市河流研究会成立20年来，矢志不渝，在践行一个环保组织的社会责任，积极就生态环境问题向有关部门建言献策，以坚持保护环境的初心参与建设生态社区等方面，积累了一些宝贵的经验。

2010年，成都城市河流研究会开始编撰《成都河流故事：流淌的江河博物馆》，期望给发展中的两千年古城——成都，留下一张对外宣传的环境名片。2018年，四川省社科院、成都城市河流研究会联合编著并出版了《成都河流故事：流淌的江河博物馆》一书，系统介绍了成都的水系环境和两千年蜀水文化。其中的《成都河流大事记》和《我们身边的河流故事》，生动再现了在成都平原这个历史悠久的古蜀文明发展核心区域，人与环境两千年来的和谐关系和“道法自然”的治水理念。2020年，四川省社科院、成都城市河流研究会再度合作，以成都城市河流研究会“清流智库”专家为主要撰稿人，编写出版了旨在为四川省四级河长提供帮助的工具书《四川江河纪》。该书第一次系统介绍了素有“千河之省”美名的四川省的地理地质特点、主要河流水系及流域、人文历史及民族文化、河流环境现状，以及其在环境保护与治理方面的主要做法。

《川流不息：论河·知河·护河》，是继《成都河流故事：流淌的江河博物馆》《四川江河纪》之后，又一本“清流文库”的专门著作，旨在汇集专家研究成果、政策倡导和公众参与的成功案例，持续发挥决策影响与公众教育功能。该书的编撰出版得到弗里德里希·艾伯特基金会的大力支持，在此诚挚致谢！弗里德里希·艾伯特基金会长期致力于促进社会良性发展，特别重视推动公民教育和发展智库等方面工作。在其持续支持下，成都城市河流研究会自2010年开始组织召开的“岷江论坛”，已发展为成都市科技年会分会场和重点学术活动，搭建了从政府到民间的多方对话平台。

关于本书，我们要感谢成都城市河流研究会荣誉会长刘宝珺院士、艾南山教授、谭继和先生，感谢你们以对生态环境的深切关注和严谨的学术态度，支持河研会实践自己的宗旨。

感谢成都市科学技术协会。得益于你们长期以来对成都城市河流研究会在环保行业管理和赋能社会组织方面的指导、扶持和理解，成都城市河流研究会才可能在环境保护的路上走得更远，走得更稳。

感谢20年来陪伴成都城市河流研究会的“清流智库”专家们。多年来你们从不同的学术领域，坚持对成都城市河流研究会工作提供学术指导、业务帮助，并亲身主持或参与河流研究的现场调研、实践行动、学术观察和效果评估。感谢为本书选题策划提供宝贵思路的陈庆恒老师、张承昕老师、郭虹老师、南山老师、刘新民老师、田军老师。

感谢20年来与成都城市河流研究会共同成长、敬业奉献的工作人员和环保志愿者：石蓓蕾、王玲珍、杨帆、李明玖、徐煊、王亮、张广涛、董斌、胡敏、雷建英、刘赟、王晓蜀……

感谢本书的主要撰稿人唐亚、范晓、第宝锋、贺帅、华桦、孙吉、刘伊曼、王玲珍、杨明茗，感谢第宝锋、吴绍琳在书稿撰写中提供的帮助，感谢华桦统编全书文稿。

保护河流，保护生态环境，实现人与环境的和谐与可持续发展，让我们一路同行。

成都城市河流研究会
2023年4月于成都